产品设计创意表达丛书

U0553354

# 产品设计创意表达

## & CorelDRAW Photoshop

## 第 3 版

周艳 编著

机械工业出版社

CHINA MACHINE PRESS

本书从实际案例入手，讲述如何运用CorelDRAW和Photoshop两个软件进行产品设计创意表达的方法和步骤。第1章概述了这两个软件的特点和优势，第2~9章分别以国内外各著名公司的优秀产品为例，深入讲解产品效果图视觉表现中如何灵活运用这两个软件实现对图形轮廓的勾勒、色彩的添加以及光影及质感表现的详细过程。

　　本书案例具有代表性，视觉效果突出，其绘制步骤，无论是对初学者还是从事艺术设计的专业人员，都可以收获不同的知识点。为方便教学，本书配有PPT电子课件，位于机械工业出版社教育服务网上（www.cmpedu.com），向使用本书的授课教师免费提供。

　　本书适合高校产品设计、视觉传达设计等艺术设计类专业的师生和设计爱好者阅读，也适合从事设计工作的相关专业人员参考，还可作为相关培训学校的教材。

**图书在版编目（CIP）数据**

产品设计创意表达：CorelDRAW & Photoshop / 周艳编著. -- 3版. -- 北京：机械工业出版社，2025. 7.
(产品设计创意表达丛书). -- ISBN 978-7-111-78942-0

Ⅰ. TB472-39

中国国家版本馆CIP数据核字第2025Q6F563号

机械工业出版社（北京市百万庄大街 22 号　邮政编码 100037）
策划编辑：冯春生　　　　　责任编辑：冯春生
责任校对：龚思文　李　婷　　责任印制：常天培
北京联兴盛业印刷股份有限公司印刷
2025 年 8 月第 3 版第 1 次印刷
210mm×285mm・10印张・220千字
标准书号：ISBN 978-7-111-78942-0
定价：59.00 元

电话服务　　　　　　　　网络服务
客服电话：010-88361066　机 工 官 网：www.cmpbook.com
　　　　　010-88379833　机 工 官 博：weibo.com/cmp1952
　　　　　010-68326294　金 书 网：www.golden-book.com
**封底无防伪标均为盗版**　机工教育服务网：www.cmpedu.com

# 序

　　产品设计的过程是设计师对产品形态持续深入探索的过程。无论是设计师最初笔下快速简捷的构思速写和草图，还是计算机中精确建模的数字模型及动画，抑或是更为直观的实物模型和样机，这些都是设计师为了更好、更有效地寻求设计创意而常用的形态创意表达方法和手段。事实上，当设计师在白纸上画上第一根线条时，对产品形态的探索之路就已经启程。

　　设计实践告诉人们，设计师在探索产品创意过程中会经历一个由浅入深、由表及里和由简单到复杂的渐进过程。对应不同设计阶段中对产品形态创意探求的需要，设计师会运用不同的创意表达方法和手段，使头脑中的设计构想逐步清晰和完善起来。产品的形状是什么，产品的机能与构造是否匹配，色彩和材质如何处理，形态的风格和特征是否适合用户等，所有这些问题都会随着创意表达的深入展开而逐渐得到明晰的解答。总之，产品设计创意表达的过程是设计师寻求好的设计创意的必然途径，是演绎设计理念、进行设计交流的重要工具和手段。

　　从20世纪80年代起，我国开始了现代设计教育的探索。近50年来，随着社会设计观念的转变和各级政府及教育部门的大力支持，我国的设计教育事业得到了令人振奋的快速发展。设计教育体制和设计理论体系不断完善，教学方法和手段不断创新，教学水平不断提升，为振兴我国设计产业，实现"把我国建成创新型国家"的战略目标培养了大批优秀的设计创新型人才。同样可喜的是，许多长期工作在设计教育第一线的教师，本着对设计教育的执着与热爱，以及在对设计理论艰苦求索和实践经验积累的基础上，编写和出版了一批批起点高、视角新、实践性强的设计类教材。今天，与广大读者见面的这套"产品设计创意表达丛书"就属于这样一类教材。

　　"产品设计创意表达丛书"由《产品设计创意表达·速写》《产品设计创意表达·草图》《产品设计创意表达·CorelDRAW & Photoshop》《产品设计创意表达·SolidWorks》和《产品设计创意表达·模型》组成。该丛书内容基本上涵盖了整个产品设计创意阶段所涉及的创意表达方法与技巧，以满足产品设计教学中培养学生不同设计创意表达方法和技巧的需要，使读者在学习设计创意表达技能的过程中，能得到更加系统、更加完整的理论与方法的指导。该丛书的作者都是在设计院校长期担任这些课程教学的教师，他们从课堂教学的实际出发，针对产品设计创意各阶段中的实际需要，结合当今计算机技术飞速发展的时代特点，在各自长期积累的教学经验基础上，融合了各类设计创意表达方法中新的内容和研究成果，对整个设计创意表达的理论与方法进行了系统的优化与整合，使这套教材在内容和指导方法上形成了应用性、针对性强，时代性鲜明，学生易于学习、易于掌握等特点。随着技术的发展，虚拟现实、互动媒体等逐步成为产品设计创意表达的重要手段，但手绘草图、三维建模及渲染、实物模型等依然是设计创意表达的基本功，具有不可替代的作用。

真切地希望这套丛书能为我国设计界的广大学生和教师带来新的启示和帮助。是为序。

教育部工业设计专业教学指导分委员会主任委员
中国工业设计协会教育委员会主任委员
中国机械工业教育协会工业设计专业委员会主任委员
湖南大学设计艺术学院原院长

何人可　教授

# 前 言

    CorelDRAW是加拿大Corel公司于1989年推出的著名的矢量绘图软件，是现今世界计算机绘图领域最为流行的矢量绘图软件之一，在矢量图形的绘制与编辑方面优势明显；Photoshop是成立于1982年的美国Adobe计算机软件公司旗下最著名的图像处理软件之一，专长在于图像处理，是对已有的位图图像进行编辑加工处理以及运用一些特殊效果，其重点在于对图像的处理加工。

    本书主要讲解如何灵活使用CorelDRAW和Photoshop两个二维表现软件来进行产品设计的创意表达，根据这两个软件的特点，相互补充，充分发挥各自的优势，完成产品创意的最佳表达。

    本书自2011年第1版和2016年第2版出版以来，得到了全国高校设计类专业师生、社会设计爱好者的广泛阅读和认同，多次重印。

    随着软件的不断更新、新版本软件界面以及工具的调整，第3版在保留前两版经典案例的基础上，对第2版中案例的操作界面进行了全面更新；同时删除了原有第5章和第6章的案例；分别在第6章、第8章和第9章新增了三个近两年的时尚产品案例，更灵活地使用CorelDRAW和Photoshop两个二维软件来表现优秀产品的视觉效果。

    由于时间仓促，加之作者水平有限，书中难免存在不足和疏漏之处，敬请广大读者批评指正。

周艳

2025年4月

产品设计创意表达

**CorelDRAW & Photoshop**

# 目 录 CONTENTS

产品设计创意表达
CorelDRAW&Photoshop

# 第1章

## 产品二维表达软件概述

本书中产品设计二维表现软件主要使用Corel公司的矢量绘图软件CorelDRAW和Adobe公司的图像编辑处理软件Photoshop，下面分别对两个软件进行概述。

## 1.1 CorelDRAW软件概述

加拿大Corel公司于1989年推出的CorelDRAW是现今世界计算机绘图领域最为流行的矢量绘图软件之一。它集图形绘制、文本编辑排版、位图编辑处理、网页制作与动画、网页发布等各种功能于一身。

### 1.1.1 矢量图形的特点

矢量图也称为面向对象的图像或绘图图像，在数学上定义为一系列由线连接的点。矢量图根据几何特性来绘制图形，可以是一个点或一条线，只能靠软件生成，文件占用内在空间较小。

矢量文件中的图形元素称为对象。每个对象都是一个自成一体的实体，它具有颜色、形状、轮廓、大小和屏幕位置等属性。这种类型的文件包含独立的分离图形，可以自由移动和改变它的属性，而不会影响其他对象。例如，一片叶子的矢量图形实际上是由线段形成的外框轮廓，由外框的颜色以及外框所封闭的颜色决定叶子显示出的颜色。与位图相比，其最大的优点是可以任意放大或缩小图形而不会影响图形的清晰度（图1-1），可以按最高分辨率显示到输出设备上。

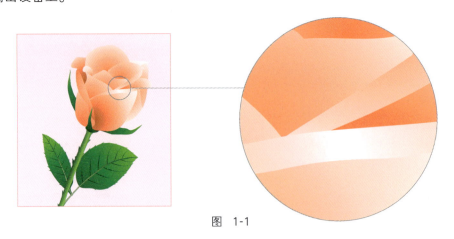

图　1-1

Corel公司的CorelDRAW以及Adobe公司的Illustrator等是被广泛使用的优秀矢量图形设计软件。

### 1.1.2 基本界面

打开CorelDRAW软件，展开后的软件基本界面如图1-2所示。

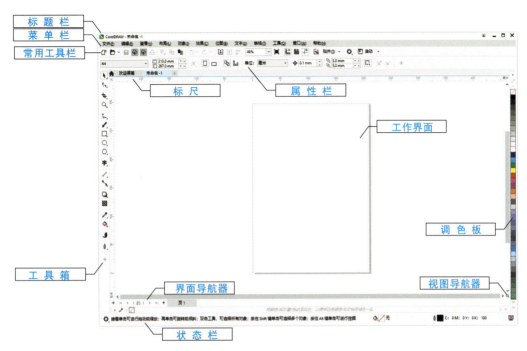

图 1-2

### 1.标题栏

CorelDRAW的标题栏左端显示当前使用的软件名及工作文件名，右端显示软件的"最小化""还原"与"关闭"按钮（图1-3）。

图 1-3

### 2.菜单栏

CorelDRAW的主要功能都可以通过执行菜单栏中的各项命令选项来完成。

CorelDRAW的菜单栏中包括文件、编辑、查看、布局、对象、效果、位图、文本、表格、工具、窗口和帮助这12个功能各异的菜单（图1-4）。

图 1-4

### 3.属性栏

CorelDRAW的属性栏提供在操作中选择对象和使用工具时的相关属性。通过对属性栏中相关参数的设置，控制对象产生相应的变化。当没有选中任何对象时，系统默认的属性栏中则提供文档的版面布局信息（图1-5）。

图 1-5

### 4. 常用工具栏

CorelDRAW的常用工具栏上放置了最常用的一些功能选项，并通过命令按钮的形式体现出来，这些功能选项大多数是从菜单中挑选出来的比较常用的工具（图1-6）。

图 1-6

### 5. 工具箱

CorelDRAW的工具箱系统默认位于工作区的左边。

在工具箱中放置了经常使用的编辑工具，并将功能近似的工具以展开的方式归类组合在一起，从而使操作更加灵活方便（图1-7）。

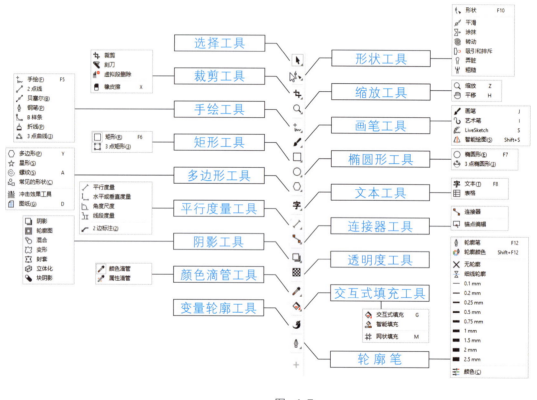

图 1-7

### 6. 工作界面与工作区

CorelDRAW的工作界面是主要的作图界面，在工作界面中的图形可以实现打印等输出操作；工作区则包含绘图工作界面以外的区域。

### 7. 标尺

CorelDRAW的标尺可以辅助绘制规范图形，从水平标尺和垂直标尺拖拉鼠标到工作界面，可分别添加水平和垂直辅助线（图1-8）。

图 1-8

### 8. 调色板

CorelDRAW的调色板系统默认位于工作区的右边，利用调色板可以快速地为图形选择轮廓色和填充色（图1-9）。在图形对象被选择的状态下，鼠标左键单击调色板中的色块可实现填充色的快速修改，鼠标右键单击调色板中的色块则可实现轮廓色的快速修改。

图 1-9

### 9. 界面导航器与视图导航器

CorelDRAW的界面导航器显示文件当前工作界面的页码和总页码数，可以通过单击界面标签或箭头来选择进入需要的工作界面。

CorelDRAW的视图导航器通过单击启动，在弹出的迷你窗口中随意移动鼠标，可显示当前文档中的不同区域，主要适合对象放大后的查看与操作（图1-10）。

图 1-10

### 10. 状态栏

CorelDRAW的状态栏中显示当前工作状态的相关信息，如工具提示、对象细节、光标坐标或文档颜色设置等动态信息（图1-11）。

图 1-11

## 1.2  Photoshop软件概述

Photoshop是美国Adobe计算机软件公司旗下著名的图像处理软件之一。从主要功能上看，Photoshop可实现图像编辑、图像合成、校色调色及特效制作，其专长在于图像处理，是对已有的位图图像进行编辑加工处理以及运用一些特殊效果，重点在于对图像的处理加工。

在产品效果表达方面，Photoshop主要辅助完成产品质感与受光等特效的表现，可更生动细腻地表现产品的外观效果。

Photoshop的应用领域十分广泛，在图像、图形、文字、视频、出版各方面都有涉及。

### 1.2.1 位图图像的特点

位图（Bitmap），又称为光栅图（Raster Graphics），是使用像素（Pixel）阵列来表示的图像，每个像素都具有特定的位置和颜色值。像素是位图最小的信息单元，存储在图像栅格中。位图图像质量是由单位长度内像素的多少来决定的。单位长度内像素越多，分辨率越高，图像的效果越好。所以无论多么精美的图片，放大后都可以看到锯齿状的边线以及一个个像素栅格（图1-12）。

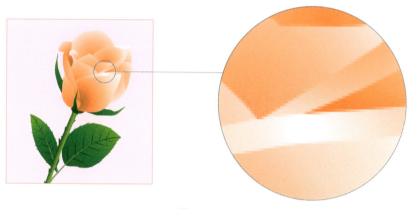

图　1-12

Photoshop就是Adobe公司的一款专业编辑和设计图像处理软件，是广泛应用于设计领域的设计与绘图工具。

在开始学习Photoshop前，需要了解图像的分辨率和不同设备分辨率之间的关系。位图编辑时，输出图像的质量取决于文件建立开始设置的分辨率高低。分辨率是指一个图像文件中包含的细节和信息的大小，以及输入、输出或显示设备能够产生的细节程度。操作位图时，分辨率既会影响最后输出的质量，也会影响文件的大小，分辨率的高低与文件的大小成正比。屏幕显示的图片（如网页中的图片）分辨率一般设置为72像素／英寸或96像素／英寸[英寸（in），1in=0.0254m]，为印刷输出的图片设置为300像素／英寸或350像素／英寸。同样尺寸的文件，根据输出需求的不同，需要设置不同的分辨率。显然，矢量图就不必考虑这么多。

### 1.2.2 基本界面

Photoshop软件的基本界面如图1-13所示，全面了解软件界面中的各个部分有助于在后面的案例学习中快速地找到需要的工具。

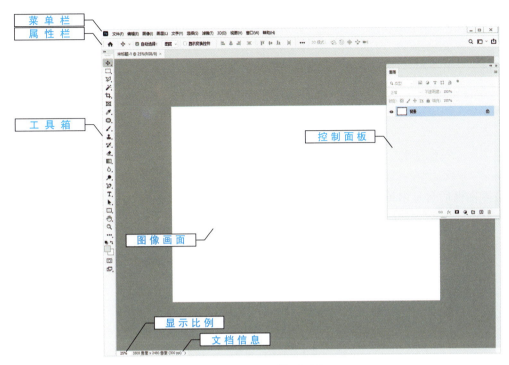

图 1-13

　　Adobe Photoshop打开界面一般显示为黑色，根据个人喜好，可以在"编辑"菜单下的"首选项"中选择"界面"，如图1-14所示进行颜色方案和高光颜色的调整。

图 1-14

### 1. 菜单栏

　　使用菜单栏中的菜单可以执行Photoshop的许多命令，在该菜单栏中共排列有11个菜单（图1-15），单击每个菜单可见一组下拉命令。

图 1-15

### 2. 属性栏

　　根据当前选择工具的不同，属性栏显示不同工具属性的调整信息（图1-16）。

图 1-16

### 3. 工具箱

　　工具箱包含了Photoshop中各种常用的工具，单击某一工具按钮就可以调出相应的工具使用（图1-17）。

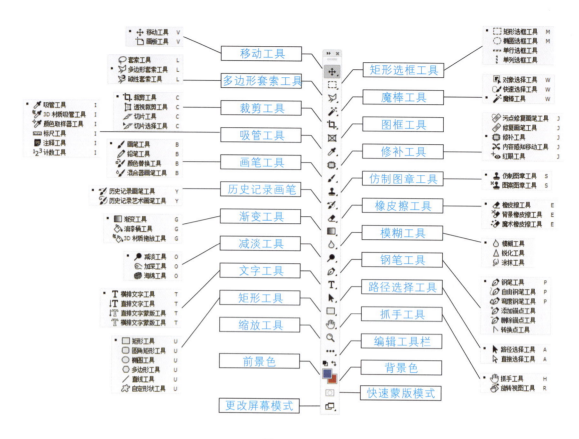

图 1-17

### 4. 图像画面

图像画面窗口即打开文件中图像显示的区域，在这里可以实现编辑和修改图像，也可以通过右上角的"最小化""最大化"和"关闭"按钮来操作图像窗口。

### 5. 控制面板

窗口右侧的浮动窗口称为控制面板，以配合图像编辑操作和Photoshop的各种功能设置。单击"窗口"菜单中的命令，可打开或者关闭各种参数设置面板。

### 6. 显示比例和文档信息

界面左下方的百分比数值，显示出当前文件的显示比例。

显示比例右侧显示文件图像中数据量的信息。左边的数字表示图像的打印大小，它近似于以Adobe Photoshop格式拼合并存储的文件大小。右边的数字表示文件的近似大小，包括图层和通道（图1-18）。

图 1-18

## 1.3　CorelDRAW与Photoshop的分工与合作

### 1.3.1　软件间的优势互补

使用CorelDRAW和Photoshop两个二维表现软件来进行产品设计的创意表达，正是由于两个软件间都有其优劣之处，通过相互补充，就能充分发挥各自的优势，完成理想的产品创意和最佳表达。

首先了解CorelDRAW和Photoshop两个软件的优劣。

CorelDRAW软件的优势如下：

1）一般情况下，文件占用空间较小。

2）图形元素编辑灵活。

3）图形放大或缩小不会失真，和分辨率无关。

CorelDRAW软件的劣势如下：

1）难以表现色彩层次丰富的逼真图像效果。

2）大量使用矢量形状会加大机器的运算负荷，甚至会降低程序的整体性能，运算速度大幅变慢。

Photoshop软件的优势如下：

1）可以表现色彩层次丰富的逼真图像效果。

2）各种滤镜效果等工具能表现不同的材质表面。

Photoshop软件的劣势如下：

1）文件建立初始就需要设置分辨率的大小，图片只能从高质量向低质量转换，反之则不可。

2）放大位图时会出现失真或马赛克效果。

在深入理解了CorelDRAW和Photoshop两个表现产品设计创意的软件优缺点之后，后面的学习和练习过程中就要同时学会发挥软件间的优势，完成产品的视觉表达。可以参考以下建议实现优势互补：

1）发挥CorelDRAW文件小、图形编辑简便的优点，尽量在CorelDRAW软件中完成产品外观轮廓形的勾勒、产品Logo的绘制等过程。

2）色彩的添加、材质和质感光影的表现过程，可根据实际情况进行选择，如产品本身的色彩变化不是十分丰富，可以直接在CorelDRAW中完成。

3）如追求细腻的色彩变化和材质的表达，就可以发挥Photoshop能很好地表现色彩层次丰富的逼真图像效果的优势，将CorelDRAW中的产品轮廓转换为位图或路径后进入Photoshop软件中完成效果的表现。

### 1.3.2　软件间文件的转换

由于两个软件优劣特性的不同，在使用两个软件进行产品表现的时候，需要经常在软件间实现文件内容的转换，这也是灵活运用两个软件、发挥相互优势的一个必要步骤。

### 1. CorelDRAW中图形转换后进入Photoshop

CorelDRAW中图形转换后进入Photoshop有以下两种主要的途径：

（1）转换为Photoshop可打开的位图文件

在CorelDRAW中单击"文件"菜单中的"导出"，或单击属性栏中的"导出"按钮⬆，将完成的产品造型轮廓线形转换为Photoshop可打开的位图文件格式，如jpg格式等；在Photoshop通过选取不同的区域，完成后期细腻丰富的效果表达。

（2）转换为Photoshop中的路径

在CorelDRAW中单击"文件"菜单中的"另存为…"，将完成的产品造型轮廓线形保存为ai格式的文件。

在Adobe Illustrator软件中，打开保存的ai格式文件，复制所有文件中的矢量图形。

进入Adobe Photoshop软件中，在新建的文件中粘贴，在弹出的对话框中选择"路径"单选框（图1-19）。

在Photoshop"路径"窗口中，选择需要的路径转换为选区后进行进一步的效果表达。

图 1-19

### 2. Photoshop中完成效果表达的产品进入CorelDRAW中编排

一般来说，由于Photoshop能够表现细腻生动的产品效果，完成后根据具体情况会重新进入CorelDRAW中完成图文的编排。具体的步骤基本如下：

1）在Photoshop软件中，将完成后的产品文件保存为位图格式，如jpg格式等。

2）打开CorelDRAW软件，单击"文件"菜单中的"导入"，或单击属性栏中的"导入"按钮⬇，选择Photoshop中保存的文件后在界面中单击，完成文件的导入。

# 第2章

## 音乐播放器效果图的表达

### 2.1 在CorelDRAW中音乐播放器基本轮廓的绘制

2.1.1 播放器基本外轮廓线的绘制

2.1.2 播放器细节的刻画

### 2.2 在CorelDRAW中音乐播放器的效果表达

2.2.1 播放器初步上色

2.2.2 播放器金属控制钮的质感表达

2.2.3 播放器的细节刻画

### 2.3 音乐播放器效果图的表现

2.3.1 表现色彩不同的系列产品

2.3.2 效果图背景与产品倒影的效果表达

本章以SONY公司的一款产品为例来说明音乐播放器的效果表达。

## 2.1 在CorelDRAW中音乐播放器基本轮廓的绘制

### 2.1.1 播放器基本外轮廓线的绘制

在CorelDRAW软件中，使用工具箱中"矩形"工具 ▢，按住<Ctrl>键，绘制一正方形，边长约为20mm（图2-1）。

使用工具箱中"形状"工具 ▶，拖拉移动矩形的节点，将矩形的圆角半径调整为9.5mm后释放鼠标（图2-2）；单击"对象"菜单中的"转换为曲线"后，框选右侧一半的节点（图2-3）；按住<Ctrl>键，水平拖拉节点（图2-4）。

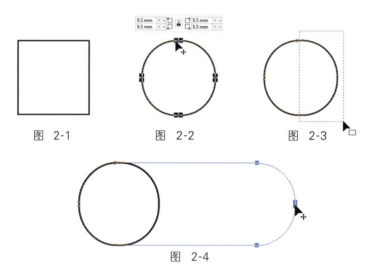

图 2-1　　　　　图 2-2　　　　　图 2-3

图 2-4

拖拉长度约为85mm，完成后如图2-5所示。使用工具箱中"轮廓图"工具 ▣，在属性栏中设置"向外"的轮廓，轮廓图步长为1，偏移量为3.0mm（图2-6），完成后如图2-7所示。

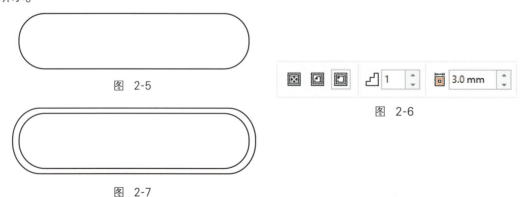

图 2-5

图 2-6

图 2-7

单击"对象"菜单中的"拆分轮廓图"，将轮廓和原图形分离。

使用工具箱中"形状"工具 ▶，在线段1上任意位置单击以选择此线段（图2-8）。

单击属性栏中的"转换为曲线"按钮 ⬚，然后向上拖拉线段1，将此线段表现为微微凸起的弧线段（图2-9）；依次以同样方法调节图2-8中所示的其他三条线段。

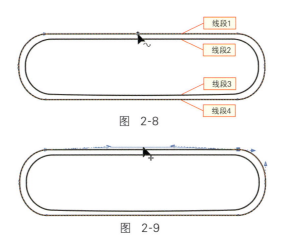

图 2-8

图 2-9

## 2.1.2 播放器细节的刻画

使用工具箱中"椭圆形"工具 ⬚，按住<Ctrl>键，绘制一正圆形（图2-10）。

按住<Shift>键，先后选择正圆和原任一图形；单击属性栏中出现的"对齐与分布"按钮 ⬚，在弹出的对话框中单击"垂直居中对齐"（图2-11），完成将圆与外轮廓图形的对齐操作。

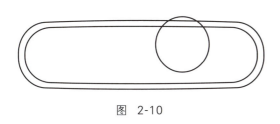

图 2-10

图 2-11

按住<Shift>键，在等比例缩小圆1的同时复制出新的圆2，分别按下<Ctrl+C>和<Ctrl+V>键，圆2的原位复制出圆3。以同样方法，继续向内复制出圆4和圆5（图2-12）。

选择圆1和圆2，单击属性栏中的"合并"按钮 ⬚，获得圆环1；以同样方法，将圆3和圆4合并为圆环2；将完成后的三个物体分解开后如图2-13所示。

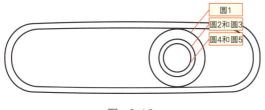

图 2-12

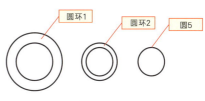

图 2-13

在左侧空白区域分别绘制两个带圆角的矩形（图2-14），并使用属性栏中的"对齐与分布"按钮 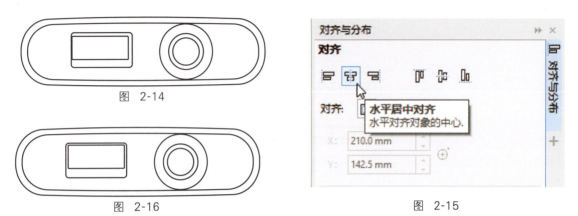 或者单击"对象"菜单中的"对齐与分布"（图2-15），实现水平居中对齐的操作（图2-16）。

图 2-14

图 2-16

图 2-15

继续使用工具箱中"椭圆形工具" ⭕ ，按住<Ctrl>键，绘制正圆1（图2-17）。
按住<Ctrl>键，垂直向下移动正圆1并按下鼠标右键复制出正圆2（图2-18）。
选择两个正圆形，单击属性栏中的"组合对象"按钮 ⬚ （图2-19）。

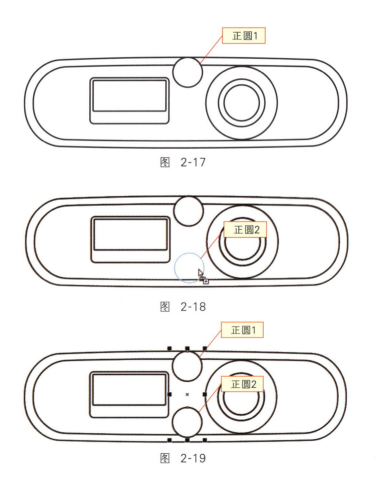

正圆1

图 2-17

正圆2

图 2-18

正圆1

正圆2

图 2-19

按住<Shift>键，接着选择图形1（图2-20），单击属性栏中的"对齐与分布"按钮 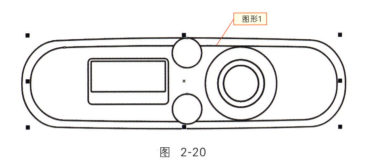，在弹出的对话框中单击"垂直居中对齐"（图2-21），完成两圆的组合与图形1的垂直居中对齐操作。

在播放器图形轮廓的左侧绘制一带圆角的矩形，表现出耳机的插口部分（图2-22）。

图 2-20

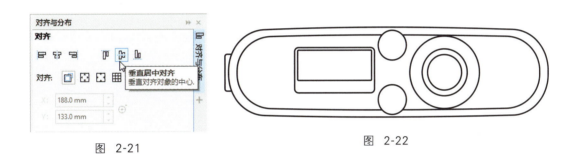

图 2-21

图 2-22

## 2.2 在CorelDRAW中音乐播放器的效果表达

### 2.2.1 播放器初步上色

首先对播放器的主要部分进行填色，如主体部分单色填充粉紫色C9M29Y0K0（图2-23）。

圆环1圆锥形渐变填充，参数如图2-24所示；圆环2单色填充C0M100Y100K0；圆5椭圆形渐变填充，参数如图2-25所示。

图 2-23

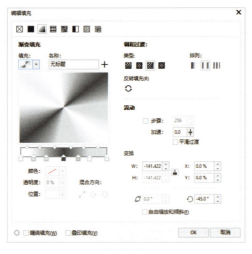

图 2-24

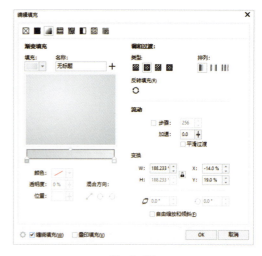

图 2-25

### 2.2.2 播放器金属控制钮的质感表达

为表现层次更丰富的金属控制按钮键，更好地说明对按钮键的表达，下面单独对这部分图形进行说明（图2-26）。首先按住<Shift>键，将圆5缩放后复制出新的圆6和圆7（图2-28），来表现更细腻的产品转角受光面。

为区别原图形，选择圆6和圆7，在软件右侧的调色板鼠标左键单击"无填色"（图2-27），鼠标右键单击白色，得到白色轮廓线的两个圆形（图2-28）。

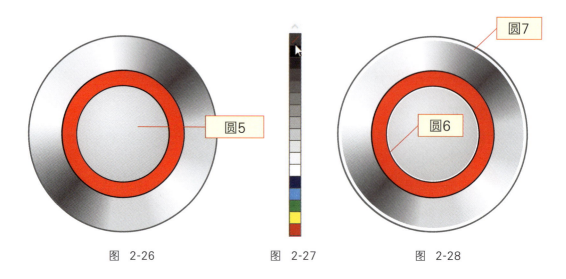

图 2-26          图 2-27          图 2-28

选择圆6，使用工具箱中的"透明度"工具 ▨ ，从左上方向右下角拖拉，表现出圆5上方受光的细节（图2-29）。

选择圆7，单击"对象"菜单中"将轮廓转换为对象"，使用渐变填充（图2-30），对已成为图形的圆7完成渐变色的填充，表现出圆环1左上角受光的金属质感（图2-31）。

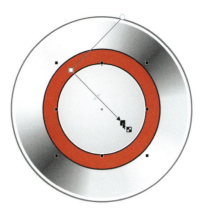

图 2-29

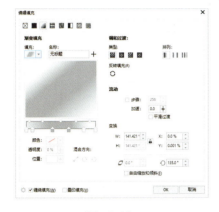

图 2-30

图 2-31

使用工具箱中的"矩形"工具 ▢ 绘制一个矩形，并填充白色（图2-32）。

使用工具箱中的"透明度"工具 ▧ ，在属性栏中单击"渐变透明度"按钮 ▧ ，单击右侧的"编辑透明度"按钮（图2-33），在弹出的对话框中设置如图2-34所示，调节的过程中用灰度表现图形的透明度，其中黑色表示完全透明，白色反之。

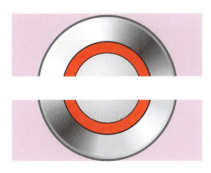

图 2-32

图 2-33

添加线性渐变后的矩形如图2-35所示。

选择这一矩形，单击"对象"菜单中"PowerClip"下的"置于图文框内部"，鼠标变为箭头图形，指向圆环1并单击，完成后的效果如图2-36所示。

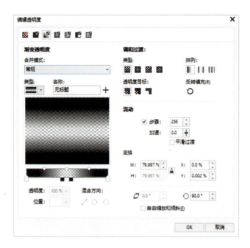

图 2-34

图 2-35

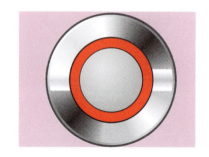

图 2-36

选择置于图文框内部的圆环，工作界面左上角出现控制框（图2-37），单击"编辑"按钮，可以对置于内部的图形进行编辑操作；单击"选择内容" ，可以实现置于关系不改变的情况下对已置于内部图形的选择；单击"提取内容" ，可以实现将置于内部的图形从原图形中提取出来；一般情况，希望置于内部的图形与外部图形一起操作，"缩定内容"按钮为锁定状态 ，也可单击后显示解锁状态 ，这样对外部图形的操作，不会影响置于内部的图形。

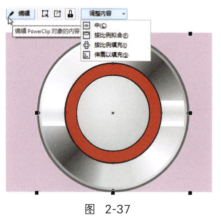

图 2-37

在红色圆环2上绘制一白色矩形（图2-38）。

使用工具箱中的"透明度"工具 ，在矩形中拖拉出透明渐变（图2-39）。

勾选"查看"菜单中"贴齐"下的"对象"，双击矩形，将出现的旋转中心移动到圆5的圆心上（图2-40）。

拖拉矩形的任一旋转控制柄，旋转一小段距离同时复制出新的图形，按下键盘上的<Ctrl+R>键，重复刚刚完成的旋转并复制的操作（图2-41），直至沿圆完成一周的旋转并复制。

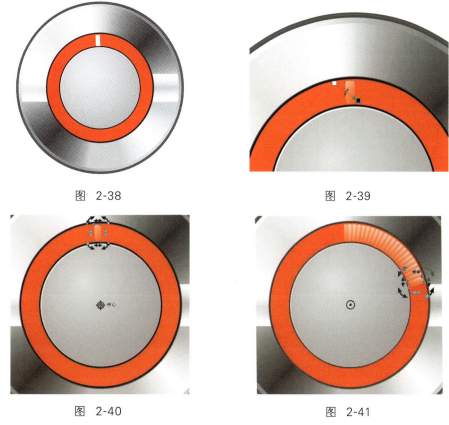

图 2-38　　　　　　　　　　　　　图 2-39

图 2-40　　　　　　　　　　　　　图 2-41

在图形的中间，使用工具箱中的"矩形"工具 ▢ 和"多边形"工具 ⬡ 绘制播放暂停符号，并填充黑色（图2-42）。

图 2-42

将图形"组合"后，分别错位移动并复制两个新的组合物体。右下角的填充白色，中间的填充K60（图2-43）。由于整个产品在绘制表达的过程中，都遵循产品的主要受光光源来自于产品的左上方，所以这里通过三个错叠的图形表现出符号凹陷的效果。

以同样的方法，绘制上方的前进符号，按住<Ctrl>键，垂直向下移动并复制出后退符号。单击属性栏中的"水平镜像"按钮 ⬚，将图形水平翻转，将黑色与白色的部分重新填充为白色与黑色，完成后结果如图2-44所示。

图 2-43　　　　　　　　　　　图 2-44

### 2.2.3　播放器的细节刻画

继续为播放器的其他几个部分填色（图2-45）。其中，耳机插口1和2分别单色填充C33M22Y17K0和C3M2Y2K0；显示屏填充黑色，显示屏外轮廓填充C15M70Y0K0；按键部分单色填充C6M20Y0K0。

图 2-45

外轮廓1渐变填色，参数可参考图2-46；外轮廓2渐变填色，参数可参考图2-47。
接下来对各个细节部分进行深入刻画，以表现更丰富的层次。
使用工具箱中的"混合"工具 ⬚，将耳机插口1和2混合（图2-48）。
在黑色显示屏上缩小并复制出新的物体，并单色填充K90（图2-49）。

图 2-46　　　　　　　　　　　图 2-47

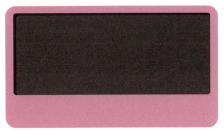

图 2-48　　　　　　　　　　图 2-49

借鉴和参考之前对圆形金属按键的细节刻画，对粉色按键部分进一步添加新图形并修改（图2-50）。

为刻画播放器主体粉色部分的透明质感，需要在主视图的左右两侧分别使用半透明的灰色和白色来表现。

首先，选择粉色图形，按住<Ctrl>键，水平移动并按下鼠标右键进行复制（图2-51）。

单击"对象"菜单中的"造型"下的"形状"，在弹出的对话框中选择"修剪"，勾选"保留原目标对象"（图2-52）。

图　2-50

图　2-51

图　2-52

单击"修剪"按钮后将出现的箭头指向原图形（图2-53）；单击后完成修剪，获得新月牙图形（图2-54）。

以单色K50填充此图形（图2-55）；使用工具箱中的"透明度"工具 🏁 ，按图2-56所示设置属性栏中的参数。

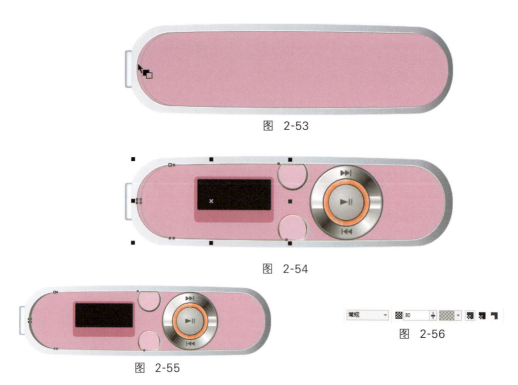

图 2-53

图 2-54

图 2-56

图 2-55

按住<Ctrl>键，水平移动并复制此半透明月牙图形到粉红色主体部分的右侧，并单击属性栏中的"水平镜像"按钮 ，填充白色后结果如图2-57所示。通过这左右两个月牙图形，表现出粉红主体部分的透明质感。

图 2-57

继续添加产品品牌、Logo以及按键文字等信息（图2-58）。

图 2-58

在产品的上半部分绘制一矩形（图2-59）。

选择矩形，单击"对象"菜单中的"造型"下的"形状"，在弹出的对话框中选择"相交"，勾选"保留原目标对象"后单击"相交对象"按钮（图2-60），将出现的箭头指向粉红色主体部分后单击确认，完成相关操作。

将相交生成的图形去除轮廓线，并单色填充白色（图2-61）。

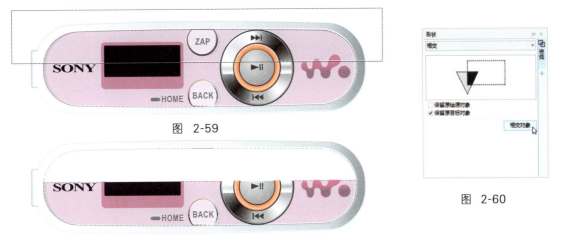

图 2-59

图 2-60

图 2-61

使用工具箱中的"透明度"工具 ▨ ，将图形拖拉出渐变透明的效果（图2-62）。

框选右侧的控制按键部分（图2-63），按下键盘上的<Shift+PgUp>键，将控制按键部分放置到最上面。

图 2-62

图 2-63

完成后的播放器产品如图2-64所示。

图 2-64

## 2.3  音乐播放器效果图的表现

### 2.3.1  表现色彩不同的系列产品

修改主体部分的色彩，表现出产品的其他色彩系列（图2-65和图2-66）。

图 2-65

图 2-66

### 2.3.2 效果图背景与产品倒影的效果表达

下面制作产品效果图的背景画面。

首先绘制一个正圆形，并填充黑色，按住<Ctrl>键，垂直向下移动并按下鼠标右键实现复制（图2-67）。

连续按下<Ctrl+R>键，重做刚才的移动并复制（图2-68）。

框选这八个圆形，按住<Ctrl>键，水平向右移动并复制（图2-69）。

连续按下<Ctrl+R>键，重做刚才的水平移动并复制，完成圆形阵列图（图2-70）。

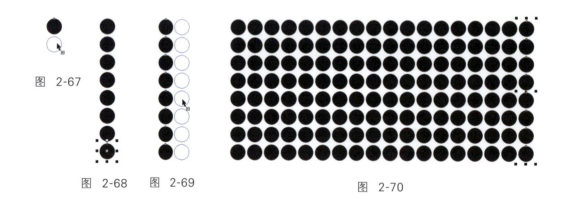

图 2-67

图 2-68    图 2-69

图 2-70

框选所有圆形，单击属性栏的"合并"按钮 ⬚ ，并实现色彩在C49M69Y61K2和黑色K100之间的渐变填充，渐变填充参数如图2-71所示，将圆形方阵放置在黑色矩形上完成效果图背景的表现（图2-72）。

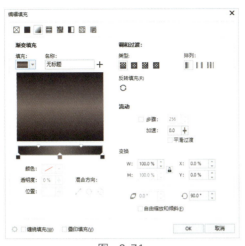

图 2-71

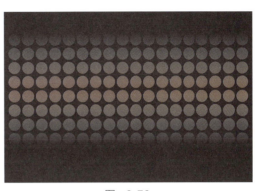

图 2-72

　　将之前绘制好的产品放置在合适位置，并垂直向下复制产品（图2-73），单击属性栏的"垂直镜像"按钮 ，将复制后的产品图形垂直翻转（图2-74）。

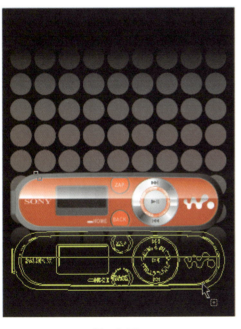

图 2-73

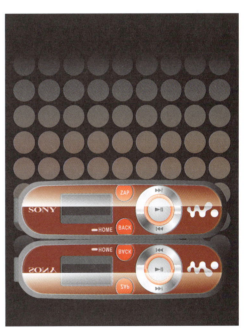

图 2-74

　　选择镜像后的产品图形，单击"位图"菜单中的"转换为位图"，然后使用工具箱中的"透明度"工具 ，从上向下拖拉，制作出产品倒影渐隐的效果（图2-75）。

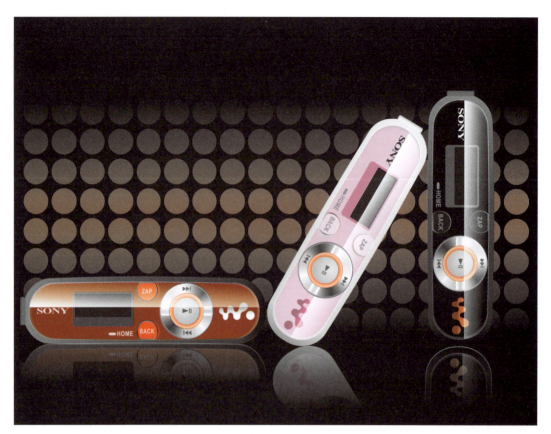

图 2-75

# 第**3**章

## 电水壶效果图的表达

本章以Media公司的一款产品为例来说明电水壶的效果表达。

## 3.1 在CorelDRAW中电水壶基本轮廓的绘制

在CorelDRAW软件中，使用工具箱中的"椭圆形"工具绘制图3-1所示的两个椭圆，完成电水壶底盘轮廓的绘制。

使用工具箱中的"手绘"工具绘制连续的封闭多边形，如图3-2所示。

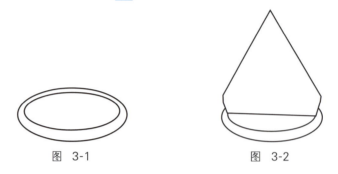

图 3-1            图 3-2

使用工具箱中的"形状"工具，框选多边形的所有节点（图3-3），并单击属性栏中的"转换为曲线"按钮；通过选择各节点并调整两端控制柄的方向和长短（图3-4），从而调节各线段的曲度完成电水壶壶身部分的轮廓绘制（图3-5）。

与绘制壶身部分同样的方法和步骤，在壶身部分的上部和下部分别绘制两个月牙图形（图3-6），以区分壶盖和壶身充电电饼部分。

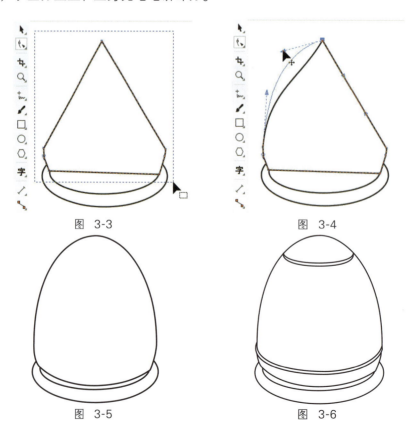

图 3-3            图 3-4

图 3-5            图 3-6

轮廓图绘制好后为了表现壶身不同部分的不同质感和色彩，需要用绘制好的月牙图形将壶身分割开。

单击"对象"菜单中的"造型"下的"形状"，在弹出的对话框中选择"修剪"，勾选"保留原目标对象"后，单击"修剪"按钮（图3-7）；将出现后的箭头指向目标对象壶身并单击确认后完成修剪（图3-8）。

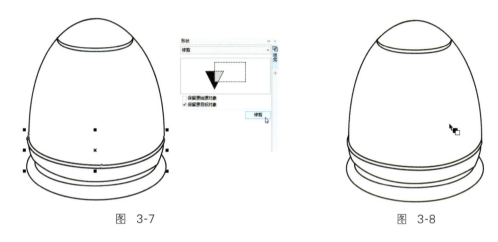

图　3-7　　　　　　　　　　　　　　　　　图　3-8

单击"对象"菜单中的"拆分曲线"，将修剪后的壶身分为上下两个独立的物体（图3-9）。

配合使用工具箱中的"手绘"工具 <kbd>+</kbd> 和"形状"工具 <kbd>↖</kbd> ，分别在壶身的合适位置绘制壶嘴、壶把手和壶盖把手等细节，如图3-10所示。由于在CorelDRAW中新创建的图形会覆盖原有图形，所以可以通过"对象"菜单中的"顺序"或者键盘上的<Shift+PgUp（Page Up）>或<Shift+PgDn（PageDown）>来实现图形前后顺序的调整。

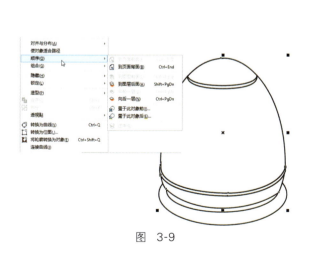

图　3-9　　　　　　　　　　　　　　　　　图　3-10

## 3.2　在CorelDRAW中电水壶质感的创意表达

继续刻画如开关、电源显示等细节，完成后的电水壶的轮廓形如图3-11所示。

使用工具箱中的"交互式填充"工具，修改"渐变填充"对话框中的各选项和参数，逐步对主体的5个部分（图3-12）填色，图3-13~图3-17分别对应第1~5部分的填色对话框。

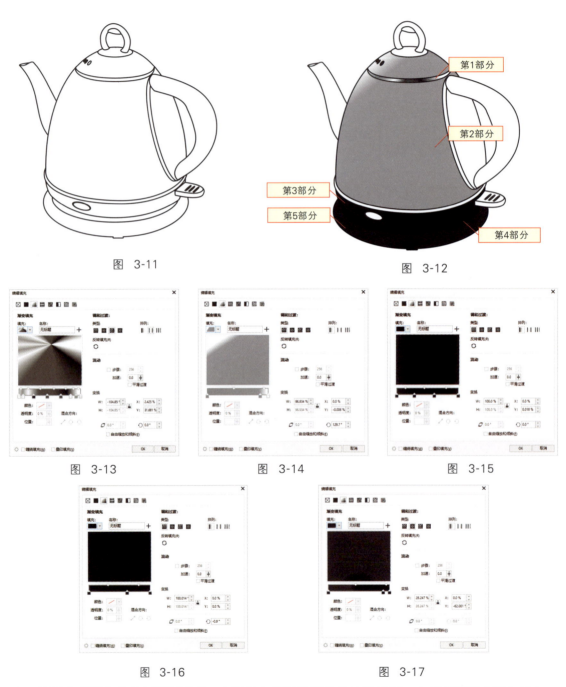

图　3-11　　　　　　　　　　　　图　3-12

图　3-13　　　　　　图　3-14　　　　　　图　3-15

图　3-16　　　　　　　　　　　　图　3-17

为初步表现壶身的不锈钢质感，在壶身中间参考壶身的外形绘制一个曲面图形（图3-18），并实现深色C56M38Y44K0和浅色C12M8Y8K0之间的渐变填充。

再次绘制一个曲面图形（图3-19），并单色填充C84M72Y72K95，完成后如图3-20所示。

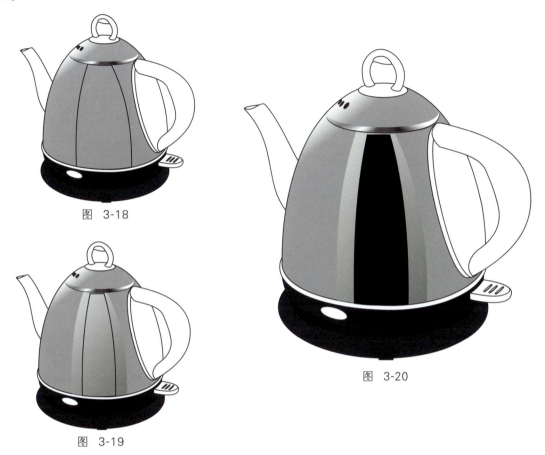

图 3-18

图 3-19

图 3-20

### 3.2.1 壶盖的质感表达

沿壶盖基本轮廓绘制四个曲线图形，如图3-21所示。

图 3-21

从左到右分别单色填充白色、C77M64Y60K18、白色和C83M72Y68K60（图3-22）。

使用工具箱中的"透明度"工具▨，分别在四个图形上拖拉（图3-23），获得不同渐变方向的透明效果（图3-24）。

使用渐变填充壶盖把手底部。为继续表现把手部分的圆弧形态，分别参考外轮廓绘制几个新的图形（图3-25）。

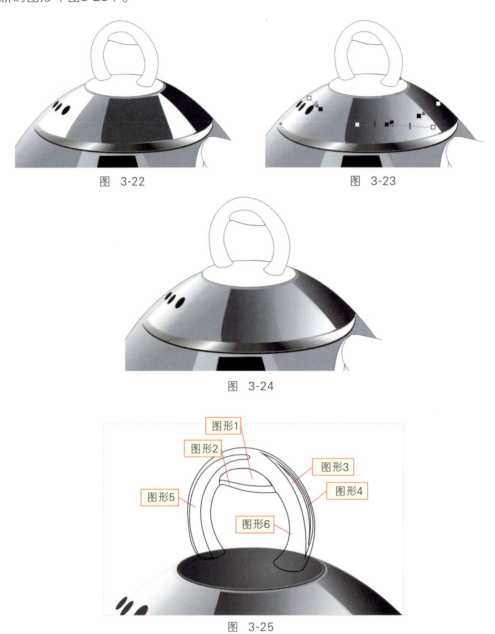

图 3-22

图 3-23

图 3-24

图 3-25

### 3.2.2 壶盖把手的质感表达

为图3-25中的各图形分别进行填色，来实现壶身把手的质感表达。图形1为深色C81M66Y61K21和浅色C49M37Y29K1之间的渐变填充；图形2单色填充C80M68Y68K51；图形3单色填充C89M78Y66K55；图形4为深色C78M64Y59K15和浅色C24M17Y17K0之间的渐变填充；图形5单色填充白色；图形6单色填充C89M78Y66K55（图3-26）。

图 3-26

使用工具箱中的"混合"工具 🖉 ，分别在图形1和图形2以及图形3和图形4之间拖拉，获得颜色的混合效果；使用工具箱中的"阴影"工具 🞂 ，从图形5向右下方拖拉出半透明的阴影（图3-27），属性栏参数设置如图3-28所示。

选择"对象"菜单下的"拆分墨滴阴影"，将阴影与图形5分离，删除图形5，将生成的白色半透明阴影移动到原图形5所在的位置（图3-29）。

图 3-28

图 3-27

图 3-29

在把手的下端参考把手的形态，绘制可以表现为倒影的图形（图3-30），单色填充C80M68Y68K50（图3-31）。

图 3-30

图 3-31

使用工具箱中的"透明度"工具 ，从把手的根部向外拖拉（图3-32）。

完成阴影部分的表现后结果如图3-33所示。

图　3-32

图　3-33

### 3.2.3　壶身把手的质感表达

在电水壶的壶身把手部分描绘更细节的图形，并将主体的第1和第2部分分别单色填充
C89M78Y66K55和C86M96Y74K62（图3-34）。

对第3、第4和第5部分（图3-35）分别实现底纹填充和渐变填充（图3-36~图3-38），完
成后如图3-35所示。

使用工具箱中的"透明度"工具 ，对第4部分进行渐变透明设置（图3-39）。

在把手的下方绘制第6和第7部分两个图形（图3-40）。

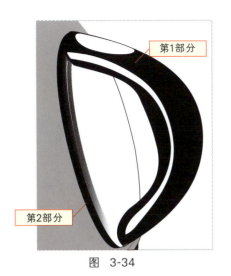

图 3-34

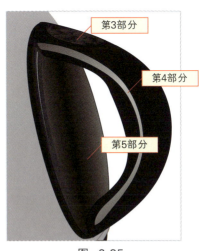

图 3-35

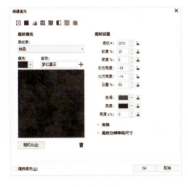

图 3-36

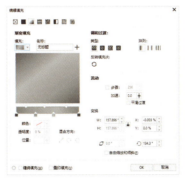

图 3-37

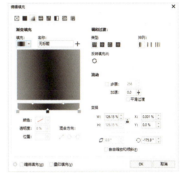

图 3-38

图 3-39

图 3-40

使用工具箱中的"透明度"工具，分别将两个图形实现渐变透明效果（图3-41）。
为更好地表现把手的质感，在把手上绘制第8和第9部分两个图形（图3-42）。

第8部分

第9部分

图 3-41　　　　　　　　　　　　　图 3-42

使用工具箱中的"阴影"工具 ▢，以图3-43所示的参数，从第9部分图形（图3-44）拖拉出阴影（图3-45）。

选择"对象"菜单下的"拆分墨滴阴影"，将阴影与图形分离（图3-46）；选择图形，删除后得到阴影（图3-47）。

如法炮制，完成后的把手部分效果如图3-48所示。

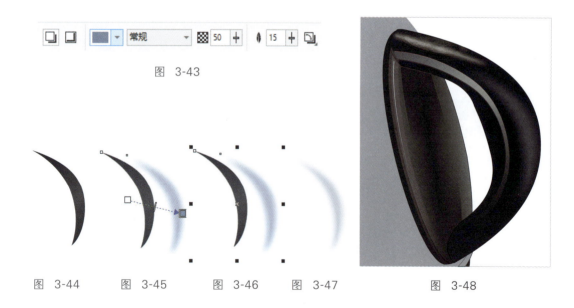

图 3-43

图 3-44　　　图 3-45　　　图 3-46　　　图 3-47　　　　　　图 3-48

### 3.2.4　壶嘴的质感表达

以单色C53M43Y39K2和C43M31Y27K0填充壶嘴的第1和第2两个部分（图3-49）。

参考壶的外轮廓绘制第3和第4部分（图3-50），其中的第4部分完全包含在第3部分中，并渐变填充，参数如图3-51所示。对于第3部分，选择"编辑"菜单下的"复制属性自"，在弹出的对话框中勾选"填充"，并将出现的箭头指向第2部分，然后单击。

　　将这两个图形去除轮廓线，使用工具箱中的"混合"工具混合，完成后表现出壶嘴的受光效果（图3-52）。

　　配合使用工具箱中的"手绘"工具和"形状"工具，完成第5和第6部分图形的绘制（图3-53）。

图　3-49

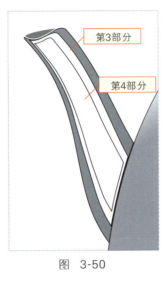

图　3-50

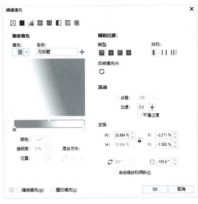

图　3-51

图　3-52

图　3-53

　　以单色C84M72Y72K95填充第5部分图形，第6部分图形渐变填充参数如图3-51所示，完成后如图3-54所示。

　　继续绘制第7部分并填充白色（图3-55），使用工具箱中的"透明度"工具，在图形上拖拉后表现出壶嘴下方的反光效果（图3-56）。

　　以同样方法对第8~10部分的图形（图3-57）进行绘制并调节后，表现出壶嘴的质感效果（图3-58）。

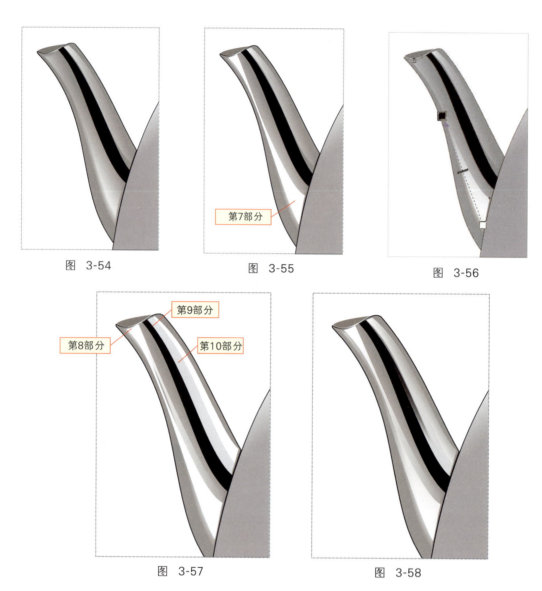

图 3-54 　　　　　　　　　　图 3-55 　　　　　　　　　　图 3-56

图 3-57 　　　　　　　　　　　图 3-58

### 3.2.5 电源开关及显示灯的质感表达

　　下面开始绘制电源开关控制（图3-59）。以单色C82M71Y71K75填充第2和第3部分，第1部分的渐变填充参数如图3-60所示；完成后如图3-61所示。

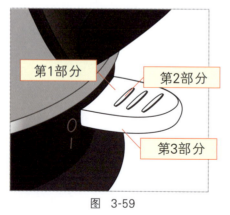

图 3-59 　　　　　　　　　　　　　　图 3-60

图 3-61

绘制第4~7部分的图形（图3-62），将其中的第4和第6两个部分复制第3部分的填充属性；第5和第7两个部分的中间分别渐变填充，参数如图3-63和图3-64所示。

去除第4~7部分的图形的轮廓线，使用工具箱中的"混合"工具 🖉 ，分别将第4和第5部分、第6和第7部分调和，完成后的效果如图3-65所示。

图 3-62

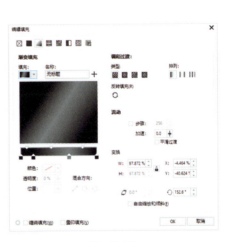

图 3-63

图 3-64

图 3-65

对于充电显示的刻画，可以在原第1部分上依次绘制新的第2和第3部分（图3-66）。以单色K100和C67M93Y91K31填充第1和第3部分，渐变填充第2部分，参数如图3-67所示，完成后如图3-68所示。

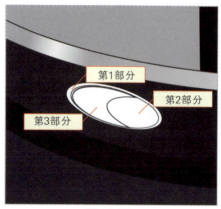

图　3-66

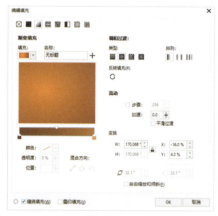

图　3-67

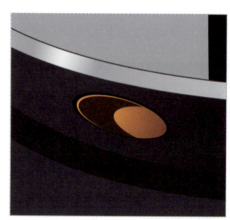

图　3-68

### 3.2.6　壶身的质感表达

绘制完电水壶各个部件后，效果如图3-69所示，由于壶身刻画的质感不够，接下去在壶身部分参考上下边缘绘制第1部分图形（图3-70）。

为更清楚地表现如何将第1部分制作成壶身高光部分的过程，将制作过程进行以下分解：

首先使用工具箱中的"阴影"工具 ▢，以图3-71所示的参数，从第1部分拖拉出阴影（图3-72）。

选择"对象"菜单中的"拆分墨滴阴影"，将图形与生成的阴影分离，删除第1部分图形（图3-73）。

选择分离后的阴影，使用"位图"菜单中的"转换为位图"；然后使用工具箱中的"透明度"工具 ▨，在阴影上拖拉产生渐变透明（图3-74）。

图 3-69　　　　　　　　　　　图 3-70

图 3-71

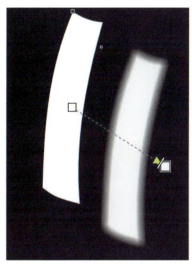

图 3-72　　　　　　图 3-73　　　　　　图 3-74

左侧的高光绘制完成后如图3-75所示。

在壶身右侧绘制第2部分图形，填充白色并将其位置调整到把手部分图形的下方（图3-76）。

第2部分

图 3-75                    图 3-76

使用工具箱中的"透明度"工具 ，并在图形上从右向左拖拉（图3-77）。
完成后的电水壶的表现如图3-78所示。

图 3-77                    图 3-78

# 第4章

## 数码相机效果图的表达

本章以Nikon公司的一款产品为例来说明数码相机的效果表达。

## 4.1　在CorelDRAW中数码相机基本轮廓的绘制

使用工具箱中的"矩形"工具 ▢ ，绘制96mm×57mm的矩形1；继续绘制93mm×53mm的矩形2，并适当调整其与原矩形之间的位置关系，完成后如图4-1所示。

在属性栏中将矩形1的四个角设置不同的数值（图4-2），将矩形2的四个角设置不同的数值（图4-3），结果如图4-4所示。

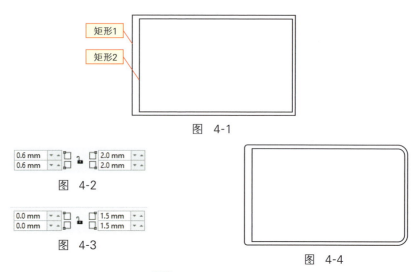

图　4-1

图　4-2

图　4-3

图　4-4

使用工具箱中的"椭圆形"工具 ◯ ，按住<Ctrl>键绘制一正圆形（图4-5）；按住键盘上的<Shift>键等比例缩小圆形（图4-6），并在鼠标左键释放前单击右键实现复制；依次绘制向内的同心圆（图4-7）。

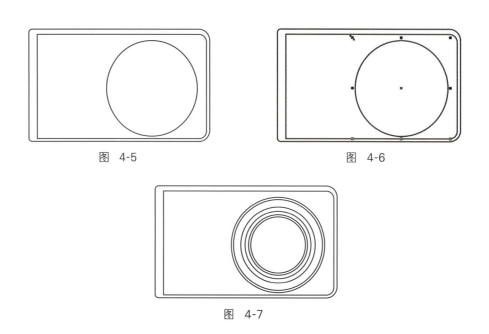

图　4-5

图　4-6

图　4-7

绘制一矩形（图4-8）；选择工具箱中的"形状"工具 调整节点（图4-9），将矩形的圆角半径调节为最大（图4-10），绘制出相机闪光灯的外形轮廓（图4-11）。

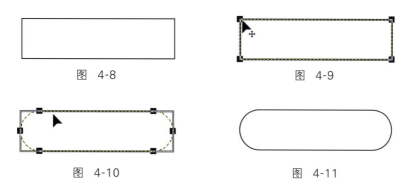

图 4-8　　　　　　　　　　图 4-9

图 4-10　　　　　　　　　　图 4-11

继续在相机镜头的右上方和右下方绘制细节部分（图4-12）。

在相机闪光灯的左上方绘制一矩形（图4-13）。

选择"对象"菜单下的"转换为曲线"或者单击属性栏的"转换为曲线"按钮 ，将矩形变为可任意编辑的线段；使用工具箱中的"形状"工具 进行编辑，为矩形添加节点，在属性栏将节点调整为尖突节点 或平滑节点 ，完成后如图4-14所示。

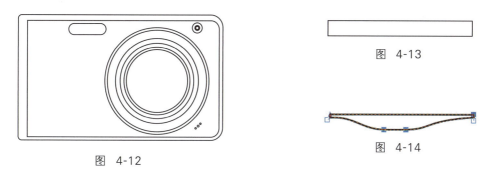

图 4-13

图 4-12

图 4-14

以同样的方法逐步绘制相机开关的各个细节部分（图4-15）。

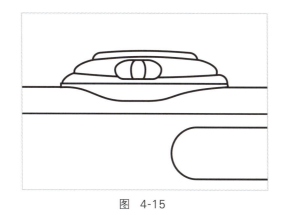

图 4-15

在相机的左侧绘制一长条矩形（图4-16）。

转换为曲线后，使用"形状"工具调整左侧的曲线（图4-17）。

绘制一水平矩形和带圆角的矩形（图4-18）。

先选择水平矩形，再按住<Shift>键，选择图4-17所示图形，单击属性栏中的"修剪"按钮，完成修剪后删除水平矩形，结果如图4-19所示。

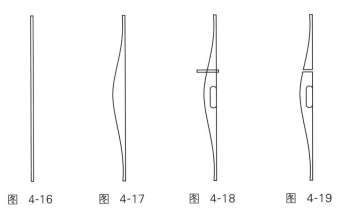

图 4-16　　　图 4-17　　　图 4-18　　　图 4-19

添加相机品牌和文字信息后完成相机主视图轮廓线形的绘制（图4-20）。

图　4-20

在镜头中间绘制一个矩形（图4-21）。

先后选择矩形和任一同心圆，在属性栏中单击"对齐与分布"按钮，分别单击水平居中对齐与垂直居中对齐（图4-22），实现矩形与圆的中心吻合，结果如图4-23所示。

使用工具箱中的"形状"工具调节矩形的圆角半径，结果如图4-24所示。

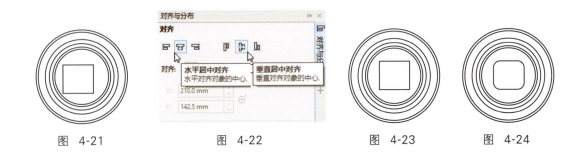

图　4-21　　　　　图　4-22　　　　　图　4-23　　　图　4-24

分别输入两段对相机功能进行描述的美术文字（图4-25）。

选择第一段文字，选择"文本"菜单中的"使文本适合路径"后，将鼠标贴近镜头中最小的圆形，移动鼠标（图4-26）调整文字与圆之间的关系，使两者的位置最佳，单击确定完成文字的编辑。

选择第二段文字，同样调整其与圆之间的位置后确认（图4-27）。

NiKKOR 7X OPTICAL ZOOM VR

6.6-46.2mm　1:3.5-5.3

图 4-25　　　　　　　　　图 4-26　　　　　　　图 4-27

单独选择第二段文字（图4-28），单击属性栏中的"水平镜像文本" 和"垂直镜像文本"（图4-29），完成文字左右上下的翻转（图4-30）。

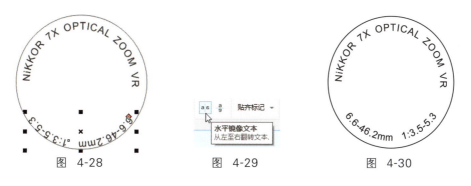

图 4-28　　　　　　　　图 4-29　　　　　　　图 4-30

使用工具箱中的"手绘"工具，绘制连续封闭的直线多边形（图4-31）。

使用工具箱中的"形状"工具，通过编辑添加部分节点、调整节点的属性等，从而将曲线编辑成合适的自由弧度的线形，并同样绘制、编辑出镜头盖中间的分割线（图4-32）。

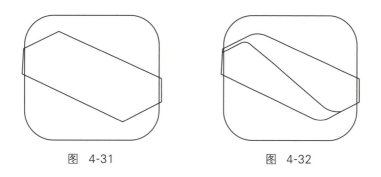

图 4-31　　　　　　　　　图 4-32

同时选中编辑完成的两个图形，单击"对象"菜单中"PowerClip"下的"置于图文框内部"，将出现的箭头指向镜头外轮廓（图4-33），结果如图4-34所示。

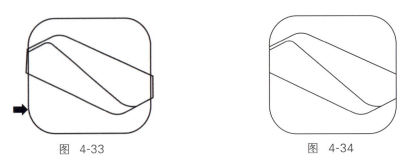

图 4-33　　　　　　　　　　　　　　　图 4-34

修正细节后，完成数码相机轮廓线的绘制（图4-35）。

图 4-35

## 4.2　在CorelDRAW中数码相机的质感表达

### 4.2.1　主视图的质感表达

下面开始逐步上色，表现相机的材质属性。为表现丰富的层次，经常需要在一个面上表现不同的受光效果或者复杂的质感，如相机的主体为表现左右和正面的不同色彩，需要继续在原有轮廓的基础上绘制新的图形，第1~3部分（图4-36）的渐变填充参数分别如图4-37~图4-39所示，第4部分以单色C67M56Y56K11填充，完成后的结果如图4-36所示。

图 4-36

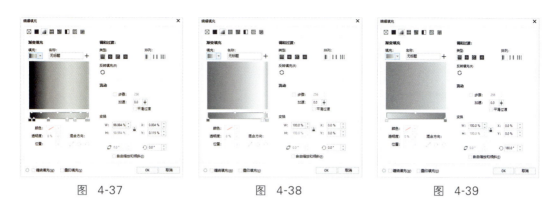

图 4-37　　　　　　　图 4-38　　　　　　　图 4-39

对镜头部分的圆形进行圆锥形渐变填充，参数如图4-40所示。

通过对不同功能部件的圆形填充不同的轮廓和修饰，完成镜头部分的表现（图4-41）。下面以最外圈的部分为例具体说明。

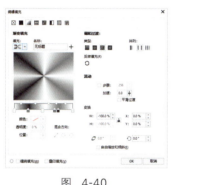 

图　4-40　　　　　　　　　　　图　4-41

首先将圆1（图4-42）填充如图4-40所示参数的渐变色，使用<Ctrl+C>和<Ctrl+V>键在原位复制出圆2，按住<Shift>键，在等比例缩小圆2的同时按下鼠标右键，复制出新的圆3，同样原位复制出圆4，继续按住<Shift>键，在等比例缩小的同时按下鼠标右键，复制出圆5（图4-43）。

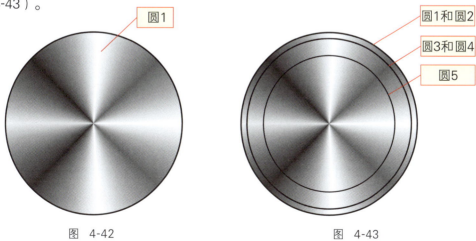

图　4-42　　　　　　　　　　　图　4-43

分别选择圆2和圆3，单击属性栏中的"合并"按钮 ，得到圆环1并单色填充K100；同样，将圆4和圆5合并后得到圆环2并单色填充K30（图4-44）。

使用工具箱中的"透明度"工具 ，在圆环1上拖拉产生渐变透明，表现出物体右下方背光的效果（图4-45）；对圆环2使用"均匀"透明度方式，属性栏设置如图4-46所示。

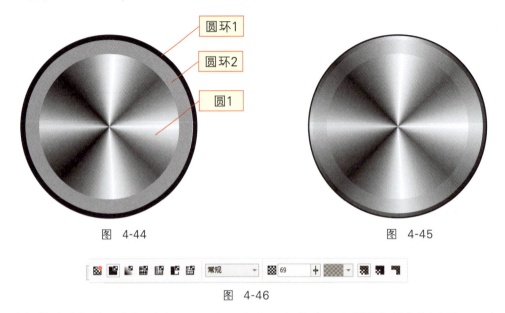

圆环1

圆环2

圆1

图 4-44                                    图 4-45

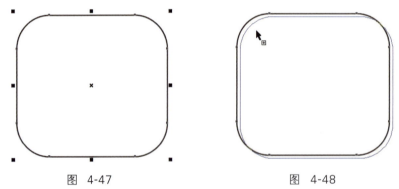

图 4-46

选择镜头中间的圆角矩形（图4-47），向右下方移动一小段距离并复制（图4-48）。

图 4-47                                    图 4-48

单击"对象"菜单中的"造型"下的"形状"，在弹出的对话框中选择"修剪"，勾选"保留原目标对象"，单击"修剪"按钮后，鼠标箭头指向原圆角矩形并单击（图4-49）；将修剪生成的左上角图形填充K100的黑色，重新选择原圆角矩形，向左上方移动一小段距离并复制（图4-50）；再次修剪原圆角矩形（图4-51）。

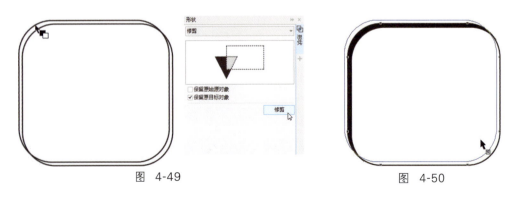

图 4-49                                    图 4-50

将修剪生成的右下角图形填充K80的黑色（图4-52），将原圆角矩形单色填充K90。可以看出，修剪出的图形由于填充了不同的色彩，表现出了圆角矩形的立体效果（图4-53）。

用"置于图文框内部"重新载入原先的图形中并编辑内容，调整线形的颜色（图4-54）。

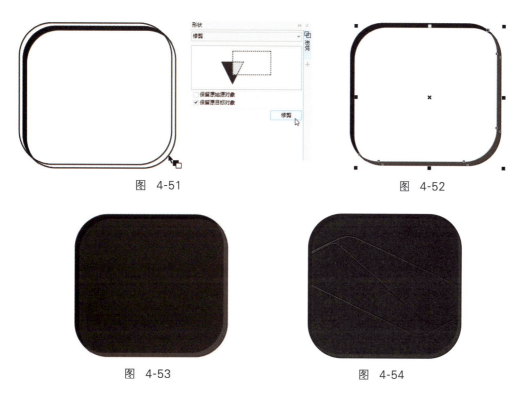

图 4-51                    图 4-52

图 4-53                    图 4-54

相机左侧可分为图形1和图形2上下两个部件（图4-55）。

配合使用工具箱中的"手绘"工具 和"形状"工具 ，参考原图形，在两个图形中绘制并编辑出图形3和图形4（图4-56）。

将图形1和图形2填充为从左到右的黑白双色渐变，图形3和图形4的渐变设置如图4-57所示，填充完成后结果如图4-58所示。

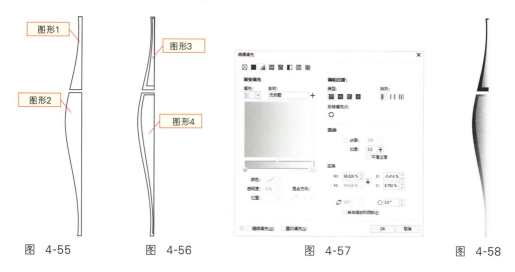

图 4-55        图 4-56              图 4-57              图 4-58

使用工具箱中的"混合"工具 分别将图形1和图形3、图形2和图形4实现混合，添加空洞的图形并填充白色，完成后的结果如图4-59所示。

相机快门按键等部分可以选择不同的渐变填充来表现，如表现光泽度高的部分，可以添加新的颜色控制点，并选择使用反差大的颜色来表现（图4-60）。

闪光灯主体部分可以选择底纹填充（图4-61），修改底纹的颜色。逐步调节细节后完成相机主视图的表现（图4-62）。

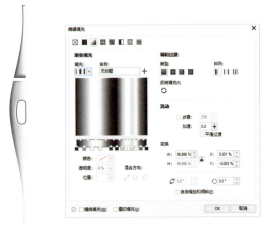

图 4-59　　　　图 4-60

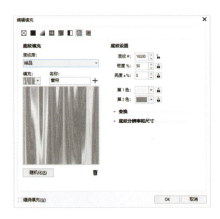

图 4-61

图 4-62

最后对正面的材质进一步表现出表面拉丝的质感（图4-63）。

选择表面的材质，单击"位图"菜单中的"转换为位图"，勾选"透明背景"后确定完成（图4-64）；单击"效果"菜单中"杂点"下的"添加杂点"，调节数值（图4-65），完成后的结果如图4-66所示。

图 4-63

图 4-64

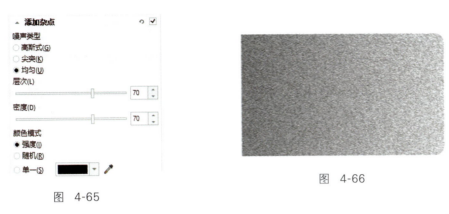

图 4-65

图 4-66

单击"效果"菜单中"模糊"下的"动态模糊"，参数设置如图4-67所示，完成后的效果如图4-68所示。

图 4-67

图 4-68

此时发现，虽然中间主要部分符合效果要求，但左右边缘出现了不希望看到的模糊效果，所以可以将原先的图形复制后完成以上转换位图后的所有操作，最后将完成的图4-68使用"对象"菜单中"PowerClip"中的"置于图文框内部"载入原图形中（图4-69），编辑内容后的结果如图4-70所示。

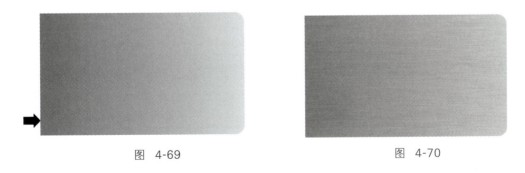

图 4-69

图 4-70

最后完成的相机主视图如图4-71所示。

图　4-71

### 4.2.2　后视图的质感表达

接下来绘制后视图。单击属性栏中的"水平镜像"按钮 ▥，将主视图反转，并删除不需要的部分（图4-72）。

在后视图上逐步绘制出新的图形，其中第1、第2、第3、第5和第6部分图形的单色填充数值分别为C28M22Y27K0、C78M68Y61K22、C84M73Y69K63、K90和C14M12Y15K0；其中，第4部分为C66M55Y55K10和C77M65Y65K36两色之间的线性渐变填充（图4-73）。

图　4-72

第1部分
第2部分
第3部分
第4部分
第5部分
第6部分
第7部分

图　4-73

为更好地表现细节和质感，在液晶屏和右上方分别绘制两个图形，并分别单色填充K30和C53M44Y42K3（图4-74）。

选择工具箱中的"透明度"工具 ▦ ，单击属性栏中的"渐变透明度" ▣ ，分别在两个图形上拖拉产生线性渐变透明效果（图4-75）。

图　4-74　　　　　　　　　　　图　4-75

第7部分图形的渐变填充，参数设置可参考图4-76完成；放大第7部分的旋转控制键部分，绘制一竖长条矩形（图4-77）。

水平线性渐变填充矩形后，使用工具箱中的"形状"工具 ▸ 拖拉节点，将矩形圆角半径调到最大（图4-78）。

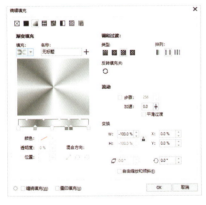

图　4-76　　　　　　　　图　4-77　　　　　　　图　4-78

勾选"查看"菜单中"贴齐"下的"对象"，双击圆角矩形，将出现的旋转中心移动到圆的圆心，鼠标贴近时会自动吸附在圆的中心点上（图4-79）。

单击"窗口"菜单中"泊坞窗"下的"变换"，在弹出的对话框中选择"旋转"，设置旋转角度为30，副本设置为"11"后单击"应用"确认（图4-80），完成图形围绕圆的圆心逆时针旋转30°并复制（图4-81）。

继续添加文字与图标等细节，完成相机后视图的表现（图4-82）。

图 4-79          图 4-80          图 4-81

图 4-82

## 4.3  俯视图的绘制和质感表达

从CorelDRAW工作区左侧的标尺部分拖拉出垂直的辅助线，参考已完成的后视图中的关键尺寸，使用工具箱中的"手绘"工具  绘制俯视图的基本轮廓（图4-83）。

图 4-83

使用工具箱中的"形状"工具 🔧 ，框选所有节点后单击属性栏中的"转换为曲线"按钮 🔧 ，将图形转换为曲线，并通过调整节点来表现出合理的形态（图4-84）。

绘制并编辑出其他图形，新绘制的图形将覆盖在原图形上（图4-85）。

使用"对象"菜单中"顺序"下的各种方式，调整图形之间的顺序（图4-86）。

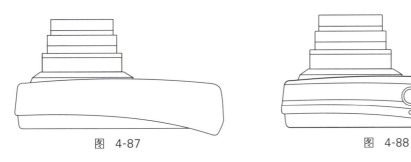

图　4-84

图　4-85

图　4-86

不断地绘制矩形并修改和编辑完成镜头部分的表现（图4-87）。

进一步完善细节的刻画，基本完成俯视图的轮廓图（图4-88）。

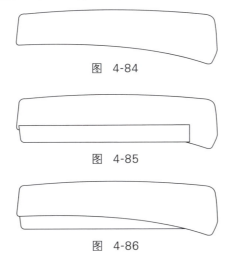

图　4-87

图　4-88

将主体的四个部分分别单色填充C7M7Y8K0、C38M31Y36K1、C51M40Y47K2和K100；其中，第2部分单色填充后，单击"位图"菜单中的"转换为位图"，然后使用"效果"菜单中"杂点"下的"添加杂点"，按图4-89所示设置参数后确定完成，结果如图4-90所示。

图　4-89

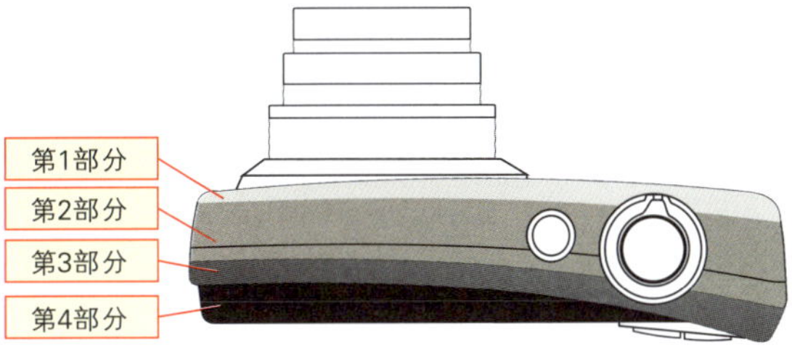

图　4-90

为表现更丰富的层次，可在原图形上添加新的图形，通过使用工具箱中的"透明度"工具  或者"混合"工具 完成这些细节的刻画与表现。

如在第4部分之上绘制一图形（图4-91）；单色填充C81M70Y64K36（图4-92）。

使用工具箱中的"混合"工具 ，实现两个图形之间的调和，如图4-93所示表现出立体的效果。

图 4-91       图 4-92       图 4-93

主体完成后，继续刻画其他的部分，如镜头部分可以全选后渐变填充，按图4-94设置渐变参数，完成后如图4-95所示。

间隔选择图4-95所示的第1~3部分图形，使用工具箱中的"透明度"工具 ，使其变为50％均匀透明，参数如图4-96所示。

继续为图形中的快门控制按钮等填充渐变色，可参考图4-97设置，结果如图4-98所示。

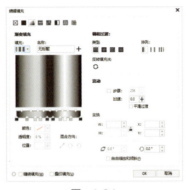

图 4-94

图 4-95

第1部分
第2部分
第3部分

图 4-96

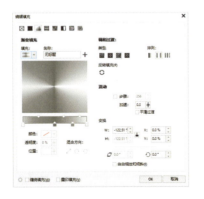

图 4-97

图 4-98

使用工具箱中的"手绘"工具  和"形状"工具 绘制一新的图形，如图4-99所示。

**使**用工具箱中的"阴影"工具 ，从图形拖拉出白色阴影（图4-100）。

单击"对象"菜单中的"拆分墨滴阴影"，将生成的阴影和原图形分离，删除原图形，并移动阴影到相机的合适位置，从而表现出相机俯视图左侧受光效果（图4-101）。

图 4-99

图 4-100

图 4-101

举一反三，制作相机右侧的受光效果，对于分离出的阴影也可以继续使用工具箱中的"透明度"工具 ，表现出更细腻的渐变透明的立体效果（图4-102）。

图 4-102

使用工具箱中的"文本"工具 **字** 继续添加文字信息，完成相机俯视图的表达。

全选相机俯视图，单击属性栏的"组合对象"按钮 ，将所有图形组合；按住<Ctrl>键将图形垂直移动后，单击属性栏中的"垂直镜像"按钮 ，完成后如图4-103所示。

选择下面复制后获得的图形，单击"位图"菜单中的"转换为位图"，将这些矢量图形转变为位图后，使用工具箱中的"透明度"工具 ，在位图上从上往下拖拉，如图4-104所示，制作出相机在光滑桌面上出现的倒影效果。

图 4-103                                    图 4-104

最后完成的相机的三个视图（主视图、后视图和俯视图）结果如图4-105所示。

图  4-105

# 第5章

## 剃须刀效果图的表达

本章以Philips公司的一款产品为例来说明剃须刀的效果表达。

## 5.1 剃须刀刀头部分的质感表达

### 5.1.1 渐变工具的使用——不同表面的表达

打开Photoshop软件，将CorelDRAW中绘制完成的剃须刀导出后的文件载入，并修改图层名称，如图5-1所示。使用工具箱中的"魔棒"工具 ，在"线框轮廓图"图层中点选剃须刀刀头的主体部分，然后在图层窗口的下端单击"新建图层组"按钮 ，并新建图层"头111"，在新的图层上使用工具箱中的"渐变"工具 完成填色，如图5-2所示。

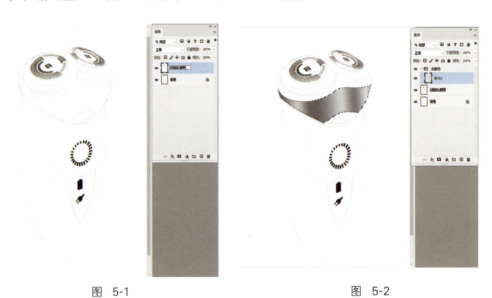

图 5-1                    图 5-2

如法炮制，将剃须刀刀头的其他主体部分填充合适的色彩，结果如图5-3所示。

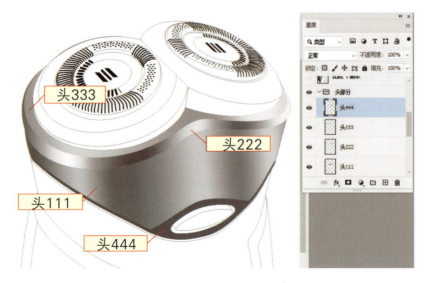

图 5-3

其中图层"头111""头222"和"头333"的渐变填充参数分别如图5-4~图5-6所示，图层"头444"单色填充C70M65Y58K12。

图 5-4

图 5-5

图 5-6

剃须刀刀头的释放钮分为三个部分（图5-7），第1和第3部分分别单色填充C73M66Y54K47和C88M84Y76K66，第2部分渐变填色，如图5-8所示。

选择刀头部分的侧立面，渐变填充如图5-9所示，完成后如图5-10所示。

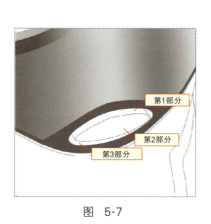

图 5-7

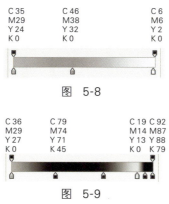

图 5-8

图 5-9

图 5-10

## 5.1.2 画笔工具的使用——立体感的细节刻画

选择刀头的外侧弧形区域，使用黑色画笔在阴影部分涂抹表现出金属质感（图5-11和图5-12）。取消选区，使用工具箱中的"模糊"工具 涂抹下部的轮廓边缘（图5-13）。

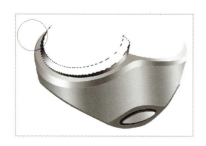

图 5-11

图 5-12

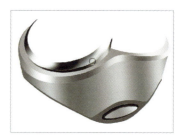

图 5-13

选择刀头的上平面区域，单色填充C25M22Y20K0，完成后如图5-14所示。

使用工具箱中的"画笔"工具 ，调整填充色为可以表现高光的白色或可以表现背光的黑色，在"画笔"对话框中调整画笔参数，如图5-15所示。控制"渐隐"数值的大小，从而逐步完成剃须刀左侧刀头部分，如图5-16所示。

图 5-14

图 5-15

图 5-16

右侧刀头的立面部分渐变填色如图5-17所示。

选择不同的选区范围，调整工具箱中"画笔"工具 的大小，使用不同的颜色涂抹后表现剃须刀右侧刀头上两个弧面部分的立体质感（图5-18~图5-20）。

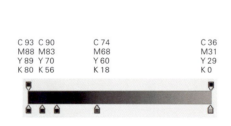

图 5-17

图 5-18

图 5-19

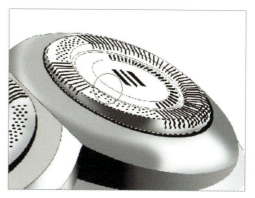
图 5-20

## 5.2  剃须刀主体部分的质感表达

选择剃须刀手握的主体部分，填充渐变色，参数如图5-21所示。

由于这部分的主体部分仅仅使用渐变填充无法很好地表现两侧的立体效果，接下来使用通道工具，分别获得需要表现受光和背光的两个区域，分别调整明暗，从而表现更准确、更细腻的立体效果。

使用工具箱中的"魔棒"工具 ，在"线框轮廓图"图层中点选手握的主体部分（图5-22）。

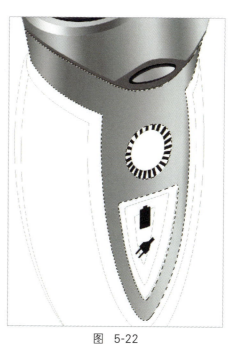
图 5-22

| C 71 | C 40 | C 65 | | C 48 | | C 23 | C 67 |
| M63 | M32 | M56 | | M39 | | M17 | M59 |
| Y 57 | Y 28 | Y 50 | | Y 34 | | Y 16 | Y 53 |
| K 9 | K 0 | K 1 | | K 0 | | K 0 | K 4 |

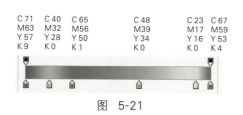
图 5-21

### 5.2.1  通道面板的使用——特殊选区的获取

选择"窗口"菜单中的"通道"，将打开的通道窗口拖拉入图层窗口并打开，单击通道窗口下的"将选区存储为通道"按钮 ▣ ，得到由当前选区范围获得的"Alpha1"通道（图5-23）。

图 5-23

使用工具箱中的"多边形套索"工具 ⬚.，框选中间的按钮和充电显示部分（图5-24），并使用白色填充，获得完整的主体部分。

将修改后的"Alpha1"通道复制，选择复制后的"Alpha1拷贝"通道，并单击通道窗口下端的"将通道作为选区载入"按钮 ○ ，得到完整的主体部分的轮廓选区（图5-25）。

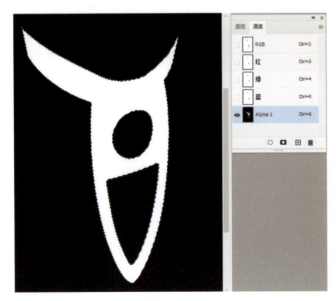

图 5-24

图 5-25

选择"选择"菜单中的"变换选区"，将选区部分旋转（图5-26）。

选择"选择"菜单"修改"中的"羽化"，将羽化数值设置在12~15范围内（图5-27）。

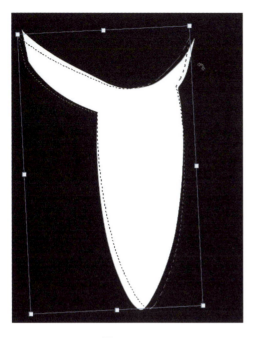

图 5-26

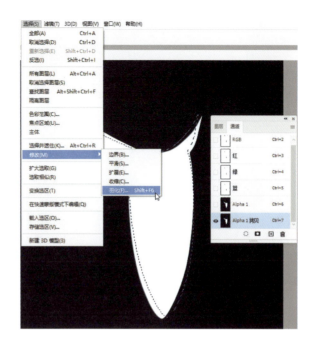

图 5-27

释放选区后，使用工具箱中的"多边形套索"工具 ，框选不需要的部分（图5-28），并填充黑色。

单击通道窗口下端的"将通道作为选区载入"按钮 ，获得理想的选区范围（图5-29）。

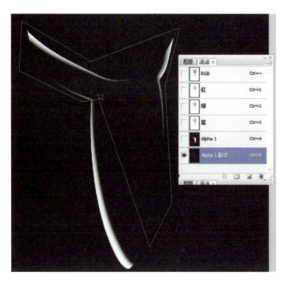

图 5-28

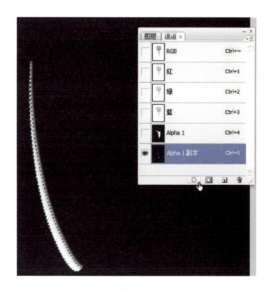

图 5-29

选择需要调节明暗的主体部分所在的图层，使用"图像"菜单中"调整"下的"亮度/对比度"，调节左边区域的亮度为正值（图5-30），表现出这部分受光的效果（图5-31）。

　　同样方法，首先在通道中获得特定的选区范围，然后在图层中调节亮度，完成主体部分右侧背光暗面的效果（图5-32）。

图　5-30

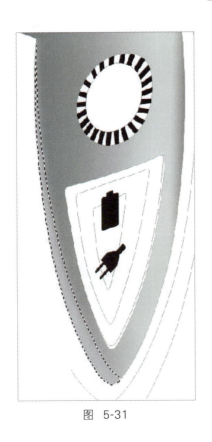

图　5-31

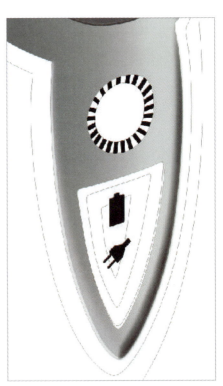

图　5-32

## 5.2.2　开关按钮的效果表达

　　下面对开关按钮（图5-33）进行表现，通过多选的方式在"线框轮廓图"图层选择整个按钮区域，并单色填充C14M87Y51K1（图5-34），对当前的选区选择"编辑"菜单中的"描边"，在新的图层上进行4~5个像素的白色描边，释放选区，并使用工具箱中"橡皮擦"工具 擦除多余部分。使用工具箱中的"魔棒"工具 再次选择整个按钮区域，进行3~4个像素的黑色描边，完成后如图5-35所示。

图 5-33

图 5-34

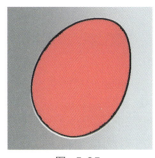

图 5-35

选择黑色区域羽化后在新图层上填充黑色，完成按钮显示部分的表现（图5-36）。

选择开关按钮中的椭圆区域进行渐变填色（图5-37），实现3~4个像素的黑色描边（图5-38），图层内设置阴影（图5-39），最后如同上一阶段，使用通道获得特定选区范围并填白色（图5-40）。

注意：这个开关的表现过程需要经常从"线框轮廓图"图层获得选区，然后在新建的图层进行填色等编辑操作。

图 5-36

图 5-37

图 5-38

图 5-39

图 5-40

### 5.2.3 电量显示部分的效果表达

下面表现电量显示部分，选择外轮廓，单色填充C79M76Y68K40（图5-41）。

选择"编辑"菜单中的"描边"，对选区完成4个像素的单色描边C20M17Y15K0。

将选区向左上方平移（图5-42）。使用工具箱中的"橡皮擦"工具 🖋，设置属性栏中"画笔"的"不透明度"为50%（图5-43），通过擦除涂抹表现受光部分（图5-44）。

图 5-41　　　　　　　　　　图 5-42

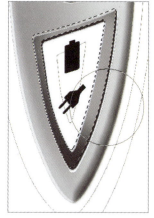

图 5-43

图 5-44

分别使用渐变填色（图5-45）以及C25M22Y20K0、C45M35Y34K1和C15M95Y55K0单色填充，在新建的图层完成内部第1~第4部分的层次表现（图5-46）。

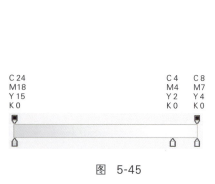

C 24
M18
Y 15
K 0

C 4　C 8
M4　M 7
Y 2　Y 4
K 0　K 0

图 5-45

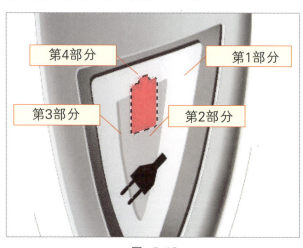

图 5-46

将红色电量显示所在的图层复制，选择"滤镜"菜单中"模糊"下的"高斯模糊"，实现下面图层模糊效果，结果如图5-47所示。

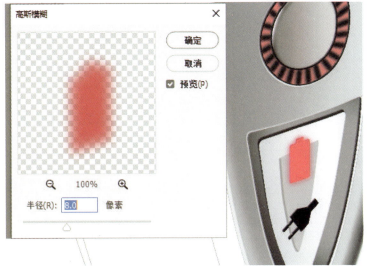

图 5-47

选择上面的红色电量显示图层，并选择图层中的图像（图5-48），选择"编辑"菜单中的"描边"，完成3~4个像素的黑色描边。

同样方法制作绿色C60M10Y92K0插座显示图层，结果如图5-49所示。

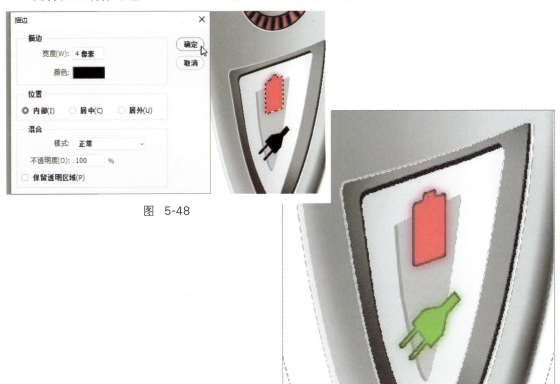

图 5-48

图 5-49

新建图层，渐变填充如图5-50的选区部分所示，参数如图5-51所示。

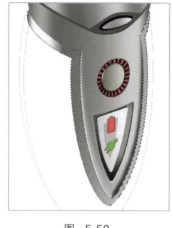

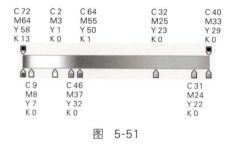

图　5-51

图　5-50

### 5.2.4　通道面板的再次使用——立体感的深入表现

选择图5-52所示的选区部分，新建图层，完成C7M72Y65K32单色填充。将选区在通道窗口中转换为Alpha通道（图5-52）。

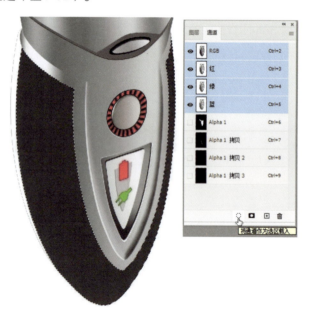

图　5-52

复制此Alpha通道，并将通道作为选区载入（图5-53）。

选择"选择"菜单中的"变换选区"，适当缩小选区范围并向右移动（图5-54）。

选择"选择"菜单中"修改"下的"羽化"，设置羽化半径为45~50个像素，并使用黑色填充羽化后的选区范围（图5-55）。

使用工具箱中的"多边形套索"工具 ，框选图5-56右侧的白色区域并填充为黑色。

完成后的通道作为选区载入（图5-57），回到图层窗口，选择好需要调整明暗区域的图像所在的图层作为当前的工作图层（图5-58）。

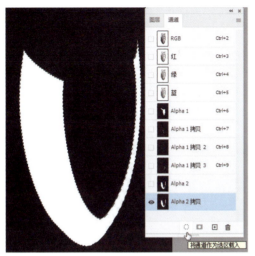

图　5-53

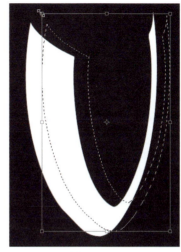

图　5-54

图　5-55

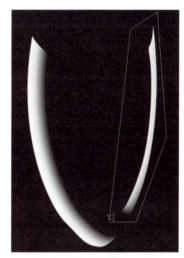

图　5-56

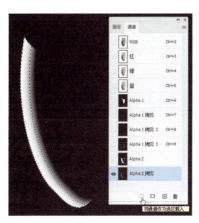

图　5-57

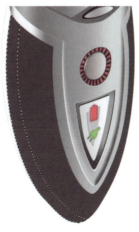

图　5-58

选择"图像"菜单中"调整"下的"亮度/对比度"，调节亮度为负值，将这部分的颜色调暗（图5-59）。

回到通道窗口，再次将Alpha2通道复制，并作为选区载入，变换选区如图5-60所示。

图 5-59

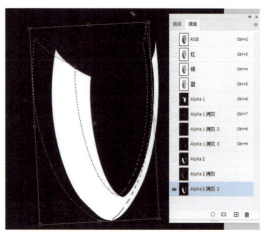

图 5-60

对选区范围实现45~50个像素的羽化，并进行黑色填充（图5-61）。释放选区，然后使用黑色画笔工具将右侧不需要的部分涂抹掉（图5-62）。

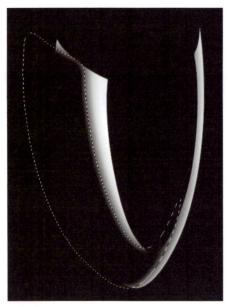

图 5-61

图 5-62

将完成后的通道作为选区载入（图5-63）。

回到图层中，同样将这部分图像的亮度调暗（图5-64）。最后选择后盖部分，单色填充C86M82Y78K66。

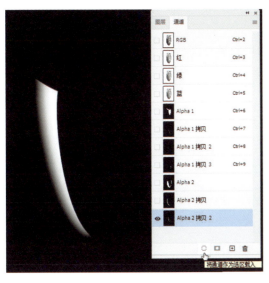

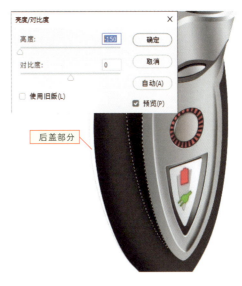

图 5-63

图 5-64

## 5.2.5 滤镜的使用——不同材质的表达

选择"滤镜"菜单中的"杂色"下的"添加杂色",分别对剃须刀的各部位设置不同的杂点数量数值,完成产品更真实的质感表达(图5-65和图5-66)。

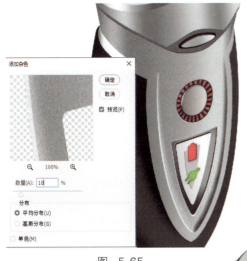

图 5-65

图 5-66

## 5.3 剃须刀倒影的效果表达

完成后的产品效果图如图5-67所示，将背景图层隐藏（图5-68）。

选择背景图层之上任一可见图形，单击图层窗口右上角的展开按钮 ☰ ，单击"合并可见图层"（图5-69）。

图　5-67

图　5-68

图　5-69

将合并后的图层更名为"完成后产品"（图5-70）。

将此图层拖拉到图层窗口下端的"创建新图层"按钮 ▫（图5-71），实现图层的复制，将复制后的图层更名为"产品倒影"（图5-72）。

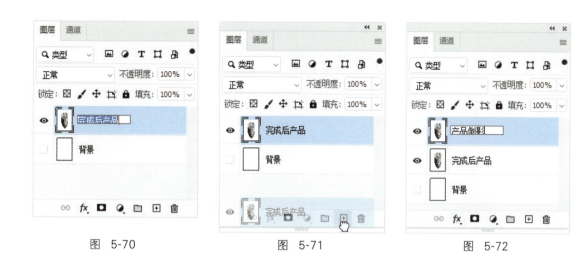

图 5-70                 图 5-71                 图 5-72

使用工具箱中的"魔棒"工具 ，将属性栏的容差数值设置为0，选中图层中的白色区域，按下键盘上的<Del>键，实现白色区域图像的删除（图5-73）。

图 5-73

释放选区后，单击"编辑"菜单中的"变换"下的"垂直翻转"，并移动到产品的下端（图5-74）。

使用工具箱中的"矩形选框"工具，框选倒影的最下端，单击"选择"菜单中"修改"下的"羽化"，在弹出的"羽化选区"对话框中将羽化数值设置为200~250个像素，最后按下键盘上的<Del>键，完成倒影部分的制作，最终的产品效果如图5-75所示。

图 5-74

图 5-75

# 第 6 章

## 头戴式耳机效果图的表达

本章以Dyson公司的一款产品为例来说明头戴式耳机的效果表达。

## 6.1 在CorelDRAW中头戴式耳机基本轮廓的绘制

### 6.1.1 耳罩及耳罩垫轮廓的绘制

使用工具箱中的"椭圆形"工具 ○ 绘制一个椭圆形（图6-1）；选择工具箱中的"选择"工具 ▶ 再次单击椭圆形，如图6-2所示倾斜图形；向右下方移动并单击右键后复制出新的椭圆形2（图6-3）；按住<Ctrl>键，水平移动并复制新的椭圆形3（图6-4）。

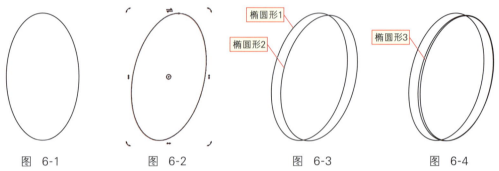

图 6-1            图 6-2            图 6-3            图 6-4

框选所有椭圆形并填充白色（图6-5）；缩小并复制出表现头戴式耳机耳罩的其他椭圆形4~椭圆形6，其中椭圆形5可以通过选择"对象"菜单中的"转换为曲线"后，使用工具箱中的"形状"工具 ▶ ，添加并调整节点形态（图6-6）；继续绘制红色线框的椭圆形7（图6-7）。

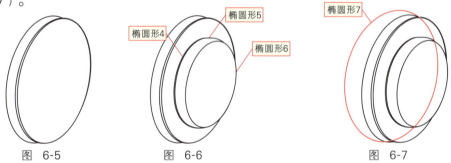

图 6-5            图 6-6            图 6-7

选择椭圆形7，按下键盘上的<Shift+PgDn>键将其放至所有图形下方；如图6-8所示选择椭圆形1，选择"对象"菜单中"造型"下的"形状"，在弹出的对话框中选择"修剪"，并勾选"保留原始源对象"后修剪椭圆形7（图6-9），获得表现耳罩垫的轮廓图形（图6-10）。

图 6-8            图 6-9            图 6-10

接下来采用类似方法绘制椭圆形8~椭圆形10，来表现另一侧的耳罩及耳罩垫的基本轮廓（图6-11）；选择椭圆形9，在"形状"窗口中单击"修剪"（图6-9），完成对椭圆形8的修剪，结果如图6-12所示。

继续绘制表现耳罩垫内侧轮廓的椭圆形11（图6-13）。

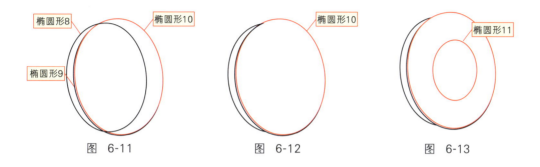

图 6-11          图 6-12          图 6-13

选择椭圆形11，单击属性栏的"转换为曲线"按钮 ⟳ 后，使用工具箱中的"形状"工具 ⬚，通过不断在线段上双击增加节点、调整节点位置（图6-14）、节点两端控制柄的方向，实现对轮廓形的调整（图6-15），结果如图6-16所示。

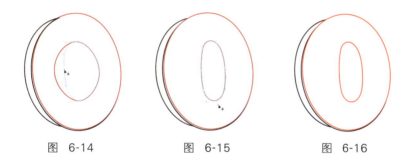

图 6-14          图 6-15          图 6-16

调整两侧耳罩及耳罩垫的相对位置，完成后如图6-17所示。

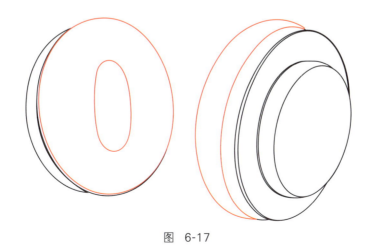

图 6-17

### 6.1.2 头梁轮廓的绘制

使用工具箱中的"手绘"工具 [图标]，绘制一个封闭的自由多边形（图6-18）。

选择工具箱中的"形状"工具 [图标]，框选所有的节点后，分别单击属性栏中的"转换为曲线"按钮 [图标] 和"平滑节点"按钮 [图标]，完成后如图6-19所示。

选择每个节点，调节两侧控制柄（图6-20），完成图形1的形态调整（图6-21）。

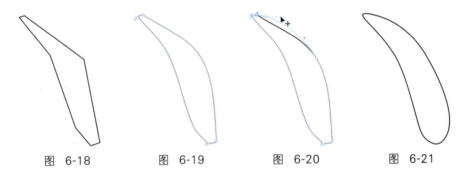

图 6-18      图 6-19      图 6-20      图 6-21

在图形1的左侧绘制多边形（图形2），并调整多边形的左侧与图形1的左侧弧度相似（图6-22）。选择图形1，在"形状"窗口中单击"修剪"（图6-23），将出现的鼠标箭头指向图形2（图6-24），完成后如图6-25所示。

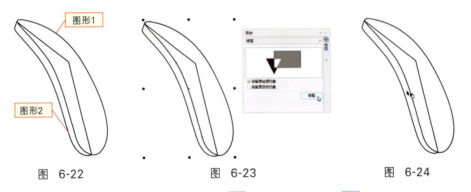

图 6-22      图 6-23      图 6-24

继续配合使用工具箱中的"手绘"工具 [图标] 和"形状"工具 [图标] 绘制图形3（图6-26）；在勾选"保留原始源对象"的情况下，分别选择图形1和图形2对图形3进行修剪，完成后如图6-27所示。

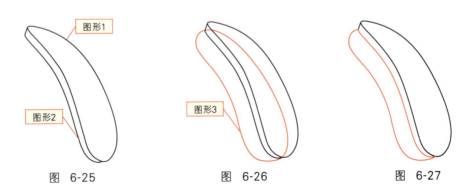

图 6-25      图 6-26      图 6-27

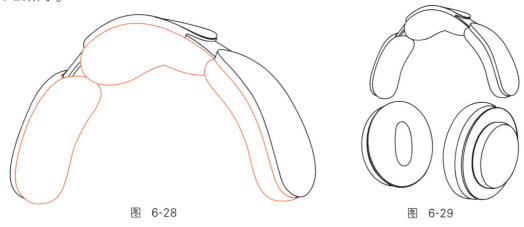

参考以上操作方法，绘制出头戴式耳机头梁的其他部分（图6-28）。

调整头梁与耳罩的相对位置，全选所有图形，鼠标右键单击调色板中的黑色，完成后如图6-29所示。

图 6-28　　　　　　　　　　　　　　　图 6-29

配合使用工具箱中的"手绘"工具 📈 和"形状"工具 ✎ ，完成头戴式耳机耳罩与头梁连接部件的轮廓绘制（图6-30），各部分拆解如图6-31所示。

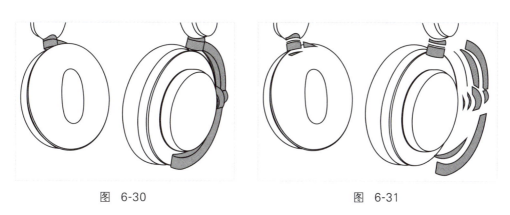

图 6-30　　　　　　　　　　　　　　　图 6-31

调整耳机各部分的轮廓线与相对位置，完成头戴式耳机轮廓的绘制（图6-32）。

图 6-32

## 6.2 在CorelDRAW中头戴式耳机的材质表达

### 6.2.1 耳罩金属质感的表达

　　选择耳罩的椭圆形轮廓图形，使用工具箱中的"交互式填充"工具 ，在属性栏中选择"渐变填充"按钮 ，并单击"编辑填充"按钮 ，在弹出的对话框中，选择类型为"圆锥形渐变填充"按钮 （图6-33）。

　　在左侧的色彩控制条中不断双击增加点并调整颜色，注意最左侧点与最右侧点的颜色尽可能为接近的深灰色（C85M85Y83K72），通过黑白灰的圆锥形渐变表现耳罩正面1和正面2的金属质感（图6-34）。

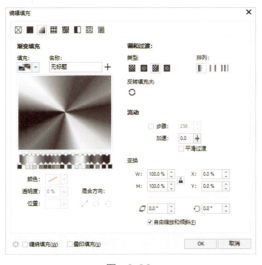

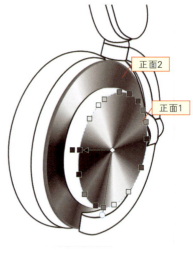

图 6-33　　　　　　　　　　　　图 6-34

　　总体考虑光线来源为左上方，选择耳罩侧边衔接件的图形，使用工具箱中的"交互式填充"工具 ，在属性栏中选择"渐变填充"按钮 ，从左上方向右下方拖拉进行线性渐变填充，添加节点并调整不同深浅的颜色后如图6-35所示，衔接件1和衔接件2的线性渐变填充设置分别如图6-36和图6-37所示。

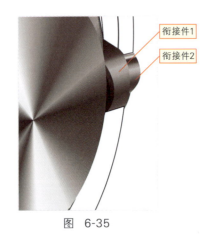

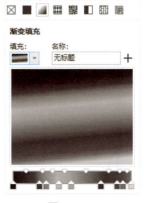

图 6-35　　　　　图 6-36　　　　　图 6-37

对衔接件4均匀单色填充C65M59Y55K4，衔接件6均匀单色填充黑色，衔接件3、衔接件5和衔接件7分别进行黑白灰的线性渐变填充（图6-38），设置分别如图6-39~图6-41所示。

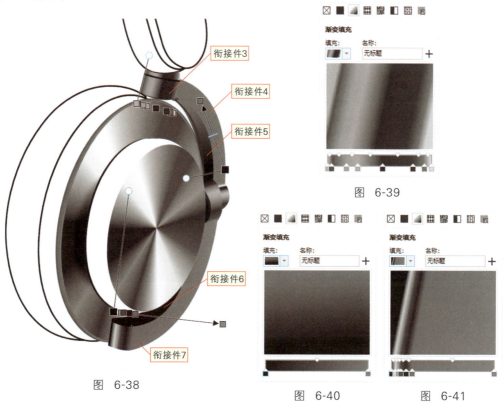

图 6-38

图 6-39

图 6-40

图 6-41

对衔接件8均匀单色填充C74M70Y65K27，衔接件9和耳罩内侧分别进行黑白灰的线性渐变填充和椭圆形渐变填充（图6-42），设置分别如图6-43和图6-44所示。

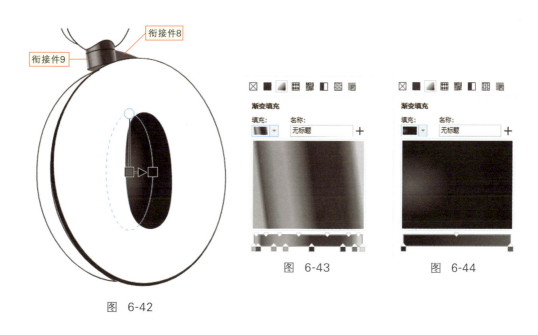

图 6-42

图 6-43

图 6-44

对耳罩侧面1~侧面3分别进行黑白灰的线性渐变填充（图6-45），设置分别如图6-46~图6-48所示。

图 6-45

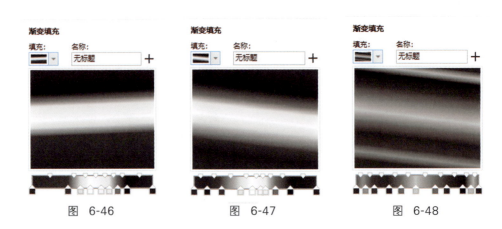

图 6-46      图 6-47      图 6-48

为表现耳罩不同部件受光后的阴影，可以通过添加图形阴影的方式来表达。

绘制一个黑色椭圆形并根据耳罩部件的角度进行倾斜，使用工具箱中的"阴影"工具，从图形向左下方拖拉出黑色阴影（图6-49），属性栏设置如图6-50所示。

按住<Shift>键，同时选择正面1和侧面3，按下键盘上的<Shift+PgUp>键，将黑色椭圆形和部分阴影遮挡，适当调整阴影的位置，完成后如图6-51所示。

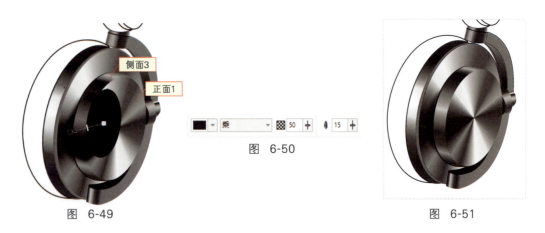

图 6-49      图 6-50      图 6-51

### 6.2.2　头梁不同部分的质感表达

　　头戴式耳机的头梁分为三段和两个连接件（图6-52），内侧软垫1、软垫2和连接件2分别进行线性渐变填充，如图6-53~图6-55所示；连接件1的两个图形分别均匀单色填充黑色和深灰色（C70M60Y57K7）；软垫3均匀单色填充黑色。

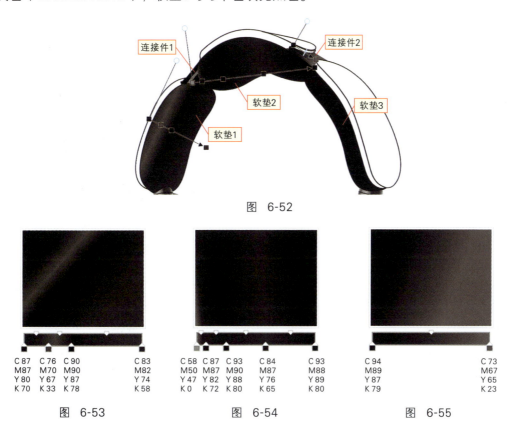

图　6-52

| C 87 | C 76 | C 90 | C 83 |
|---|---|---|---|
| M 87 | M 70 | M 90 | M 82 |
| Y 80 | Y 67 | Y 87 | Y 74 |
| K 70 | K 33 | K 78 | K 58 |

图　6-53

| C 58 | C 87 | C 93 | C 84 | C 93 |
|---|---|---|---|---|
| M 50 | M 87 | M 90 | M 87 | M 88 |
| Y 47 | Y 82 | Y 80 | Y 76 | Y 89 |
| K 0 | K 72 | K 80 | K 65 | K 80 |

图　6-54

| C 94 | C 73 |
|---|---|
| M 89 | M 67 |
| Y 87 | Y 65 |
| K 79 | K 23 |

图　6-55

　　对头戴式耳机头梁外侧的五个图形分别填色（图6-56）；外侧1和外侧3进行均匀橙色填充（C0M77Y75K0）；对外侧2和外侧4进行线性渐变填充，如图6-57所示；对外侧5进行线性渐变填充，如图6-58所示。

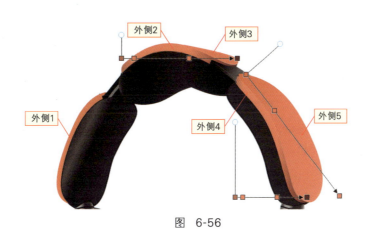

图　6-56

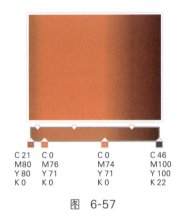

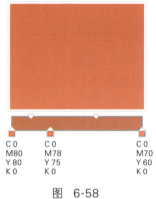

C 21    C 0        C 0        C 46
M 80    M 76      M 74      M 100
Y 80    Y 71       Y 71       Y 100
K 0      K 0        K 0        K 22

C 0      C 0        C 0
M 80    M 78      M 70
Y 80    Y 75       Y 60
K 0      K 0        K 0

图 6-57                   图 6-58

### 6.2.3 耳罩垫的效果表达

与头梁外侧橙色填充呼应的头戴式耳机耳罩内侧的左右两个软垫，可以通过交互式渐变填充中的"椭圆形渐变填充"和"线性渐变填充"来实现（图6-59），设置分别如图6-60和图6-61所示。

图 6-59

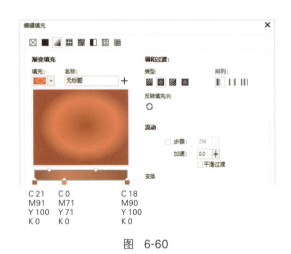

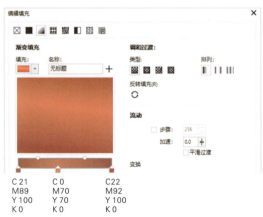

C 21    C 0        C 18
M 91    M 71      M 90
Y 100   Y 71       Y 100
K 0      K 0        K 0

C 21    C 0        C 22
M 89    M 70      M 92
Y 100   Y 70       Y 100
K 0      K 0        K 0

图 6-60                   图 6-61

### 6.2.4 头戴式耳机的细节刻画

使用工具箱中的"交互式填充"工具 ◈，基本
实现了耳机各部分的质感和色彩的视觉表达（图6-
62），但在一些局部细节还没有表现出立体形态的
光影效果。

下面分别通过工具箱中的"混合"工具 ◊及"阴
影"工具 ▢，来表现更丰富的视觉效果。

图 6-62

配合使用工具箱中的"手绘"工具 ╰和"形状"工具 ◊，在头梁内侧的黑色软垫上绘
制两个曲线图形（图6-63）。曲线形1均匀填充深灰色（C90M88Y87K78）；曲线形2进行
线性渐变填充（图6-64），设置如图6-65所示。

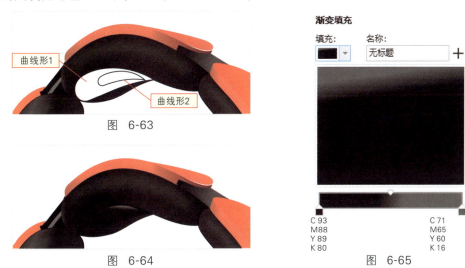

图 6-63

图 6-64

**渐变填充**

填充：     名称：

无标题    ＋

| | |
|---|---|
| C 93 | C 71 |
| M 88 | M 65 |
| Y 89 | Y 60 |
| K 80 | K 16 |

图 6-65

使用工具箱中的"混合"工具 ◊，在曲线形1和曲线形2之间拖拉（图6-66），完成后
如图6-67所示，体现出头梁内侧黑色软垫的立体造型。

图 6-66                图 6-67

在线性渐变填充表现耳机头梁内侧软垫的左侧绘制一个黑色图形；使用工具箱中的"阴影"工具 ▢ 向右下方拖拉出灰色（C73M66Y63K20）阴影，并落在软垫的合适位置（图6-68）；选择"对象"菜单中的"拆分墨滴阴影"，将生成的阴影与原黑色图形分离，删除原黑色图形后，完成通过添加阴影对头梁内侧软垫立体造型的视觉表达（图6-69）。

采用同样的方法，为头梁内侧另外两段的黑色软垫添加不同灰色阴影1和阴影2，为耳罩内侧橙色软垫添加浅橙色阴影3，如箭头所示放置在合适的位置（图6-70）。

图 6-68          图 6-69          图 6-70

在头梁右侧添加品牌标志图形；输入文字"R"并调整字体与大小后，使用"对象"菜单中"PowerClip"下的"置于图文框内部"，将字母"R"放入耳罩内侧黑色区域内，通过"编辑PowerClip"，调整合适位置；完成绘制后的头戴式耳机效果如图6-71所示。

复制绘制完成的耳机图形，考虑后期在Photoshop中将对头梁、耳罩及耳罩内侧垫子的色彩进行调整，通过删除多余图形，以及"焊接""修剪"等方法获得橙色头梁、深灰色金属耳罩以及橙色耳罩内侧垫子部分图形的轮廓（图6-72）。

图 6-71          图 6-72

## 6.3  在Photoshop中耳机不同部件配色效果的表达

### 6.3.1  调整头戴式耳机头梁的色彩

将CorelDRAW中绘制完成的头戴式耳机效果图（图6-71）和轮廓线框图（图6-72）分别导出为jpg格式图片。

在Photoshop中分别打开，将轮廓线框图中的图像全部复制粘贴到头戴式耳机效果图文件中，并修改图层名为"线框图"（图6-73）。

图  6-73

在"线框图"图层中，选择工具箱中的"魔棒"工具 ，按住<Shift>键，同时选择左右两个金属耳罩区域（图6-74）；打开"窗口"菜单中的"通道"对话框，单击右下角的"将选区存储为通道"按钮，获得Alpha1通道（图6-75）。同样方法，分别获得存储耳罩垫选区的Alpha2通道（图6-76）和头梁选区的Alpha3通道（图6-77）。

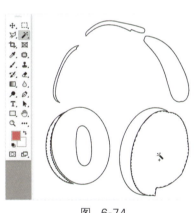

图  6-74

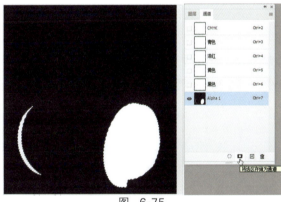

图  6-75

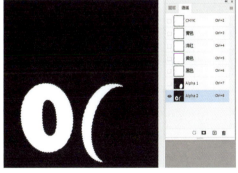

图  6-76

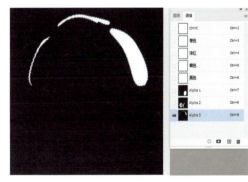

图  6-77

选择Alpha3通道，单击通道窗口下方的"将通道作为选区载入"按钮 ⊙，获得头梁选区；回到图层窗口，选择背景图层，分别按下<Ctrl+C>键和<Ctrl+V>键，将橙色头梁图像复制到新的"图层1"中；选择"图像"菜单中"调整"下的"去色"（图6-78）。

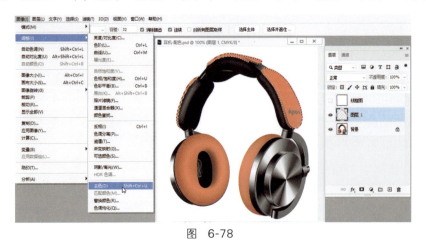

图 6-78

单击图层窗口下方"创建新的填充或调整图层" ◑ 中的"亮度/对比度"（图6-79），在弹出的对话框中调整参数（图6-80），将头梁从橙色调整为深灰色（图6-81）。

图 6-79

图 6-80

图 6-81

## 6.3.2 表现不同配色的耳罩和耳罩垫

在通道窗口，将Alpha1通道"作为选区载入"，回到图层窗口，通过调整图层中"亮度/对比度"的参数修改，将原有耳罩的深黑金属色调整为银灰色（图6-82）。

单击表现银灰色耳罩的"亮度/对比度2"调整图层前的显示按钮 ◉，关闭此图层的作用；单击下方"创建新的填充或调整图层" ◑ 中的"色相/饱和度"，在弹出的对话框中勾选"着色"，调整色彩和饱和度参数，获得红铜色耳罩的金属效果（图6-83）；同样方法，获得古铜色耳罩的金属效果（图6-84）。

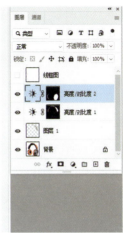

图 6-82

图 6-83

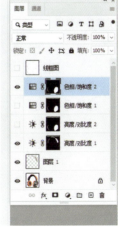

图 6-84

与耳罩色彩调整方法类似，通过"色彩/饱和度"调整图层，对耳罩内侧垫子的选区范围进行色彩控制，获得亮黄色耳罩垫（图6-85）。

设置如图6-86~图6-88所示不同的色彩与饱和度参数，分别获得蓝色、绿色和粉色的耳罩垫的效果（图6-89~图6-91）。

图 6-85

图 6-86            图 6-87            图 6-88

图 6-89            图 6-90            图 6-91

# 第7章

## 香水瓶效果图的表达

本章将分别使用CorelDRAW和Photoshop两个软件来说明香水瓶的效果表达。

## 7.1 在CorelDRAW中香水瓶的效果表达

### 7.1.1 香水瓶体轮廓的绘制

首先打开CorelDRAW软件，使用工具箱中的"矩形"工具 □ 绘制一个长矩形（图7-1）。

单击属性栏中的"转换为曲线"按钮 ⟳ ，将矩形转换为自由多边形，使用"形状"工具 ⟨、，通过双击分别在原左上节点和左下节点两侧添加节点，删除原左上节点和左下节点（图7-2），原矩形的左侧上下两端出现切角效果。

使用工具箱中的"手绘"工具 ⁺ₘₙ ，在图形左侧绘制封闭图形（图7-3）。

先选择后绘制的封闭图形，单击"对象"菜单中"造型"下的"形状"，在弹出的对话框中选择"相交"，勾选"保留原目标对象"后单击"相交对象"按钮（图7-4），将出现的箭头指向原图形并单击"确认"，获得相交图形。

用同样方法，通过"相交"操作不断添加新图形，结果如图7-5所示。

这一过程也可采用先勾选"查看"菜单下"贴齐"中的"对象"，然后使用工具箱中的"手绘"工具 ⁺ₘₙ ，贴合在已绘制好的图形边、角等处绘制需要的封闭图形来实现。

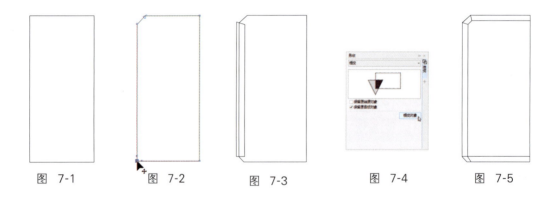

图 7-1　　　　图 7-2　　　　图 7-3　　　　图 7-4　　　　图 7-5

双击工具箱中的"选择"工具 ▶ ，全选所有图形，按住<Ctrl>键水平向右侧移动，释放鼠标左键前按下鼠标右键，实现所有图形的水平移动并复制（图7-6）。

框选右侧复制物体，单击属性栏中的"水平镜像"按钮 ▣ ，实现左右镜像翻转（图7-7）。

分别挑选两侧需要合并的图形，单击属性栏中的"焊接"按钮（图7-8），完成香水瓶体部分轮廓的绘制（图7-9）。

### 7.1.2 香水瓶盖轮廓的绘制

使用工具箱中的"矩形"工具 □ ，在瓶体上方贴齐瓶体绘制一个矩形，分别选择矩形与瓶体轮廓，单击属性栏中的"对齐与分布"按钮 ⊟，或者"对象"菜单下的"对齐与分布"命令，将图形水平居中对齐（图7-10）。

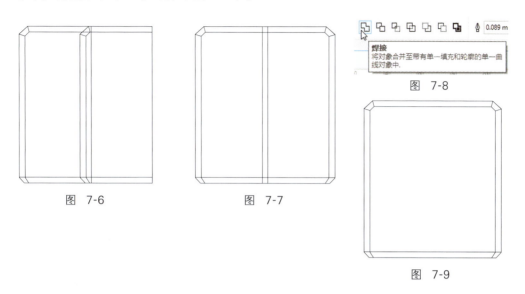

图 7-6    图 7-7

图 7-8

图 7-9

单独选择矩形，单击属性栏中的"转换为曲线"按钮 ↻，将矩形转换为自由多边形。

使用工具箱中的"形状"工具 ↖，单击选择矩形上边线段（图7-11），单击属性栏中的"转换为曲线"按钮 ，将直线变为曲线段，出现两侧节点的控制柄（图7-12）。向上移动线段，表现曲线凸起的效果（图7-13）。

用同样方法，在矩形上绘制两个拱起的图形（图7-14）。

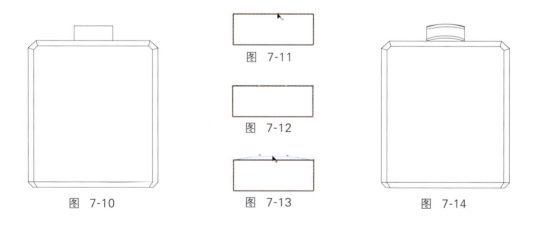

图 7-11

图 7-12

图 7-13

图 7-10    图 7-14

配合使用工具箱中的"手绘"工具 和"形状"工具 ↖，继续绘制瓶盖图形（图7-15）。

配合使用工具箱中的"矩形"工具 □、"手绘"工具 和"形状"工具 ↖，绘制瓶盖的其他部分（图7-16）。

将所有图形填充白色，会发现图形的前后关系不合适，通过<Shift+PgUp>键或<Shift+PgDn>键可实现图形前后层次的调整，完成瓶盖的绘制（图7-17）。

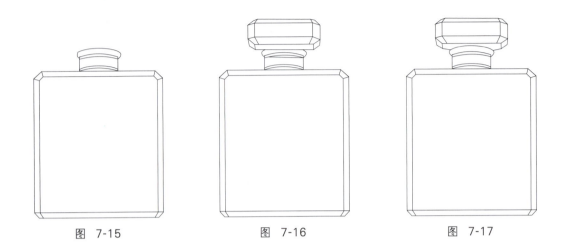

图 7-15　　　　　　　　　　图 7-16　　　　　　　　　　图 7-17

### 7.1.3 香水标志图形的绘制

使用工具箱中的"椭圆形"工具 ⌀，按住<Ctrl>键绘制一个正圆形，配合<Shift>键，向中心缩小并复制圆形，选择两个圆形，单击属性栏中的"合并"按钮 ▣，完成圆环的绘制（图7-18）。

使用工具箱中的"多边形"工具 ⬡，按住<Ctrl>键，绘制一个正三角形，在属性栏旋转角度窗口输入270并回车确认（图7-19），同时选择三角形与圆环，单击属性栏中的"对齐与分布"按钮 ▤，在弹出的对话框中勾选"垂直居中对齐"（图7-20），完成后如图7-21所示。

图 7-18　　　　　图 7-19　　　　　　图 7-20　　　　　　图 7-21

再次同时选择三角形与圆环，单击属性栏中的"修剪"按钮 ▣ ，实现图形的修剪（图7-22）。

按住<Ctrl>键水平移动并复制图形，单击属性栏中的"水平镜像"按钮 ▥，实现复制图形的翻转（图7-23）。

移动图形到合适位置，填充黑色（图7-24）。

将标志缩小放置在合适位置，分别使用工具箱中的"矩形"工具□和"文本"工具**字**在香水瓶身上添加矩形和文字信息，完成标志图形轮廓的绘制（图7-25）。

图 7-22

图 7-23

图 7-24

图 7-25

### 7.1.4 香水产品的质感表达

绘制一个矩形，填充黑色，按下<Shift+PgDn>键将其置于所有图形之后，作为背景（图7-26）。

分别选择瓶身主体和中间标贴图形，填充黑色（图7-27）。

图 7-26

图 7-27

使用工具箱中的"矩形"工具 ▢ 在瓶身上方绘制一个矩形（图7-28）。

选择新绘制的矩形，单击"对象"菜单中"造型"下的"形状"，在弹出的对话框中选择"相交"，勾选"保留原目标对象"后单击"相交对象"按钮（图7-29）；将出现的箭头指向黑色瓶身并单击获得新图形，将新图形填充K70深灰色（图7-30）。

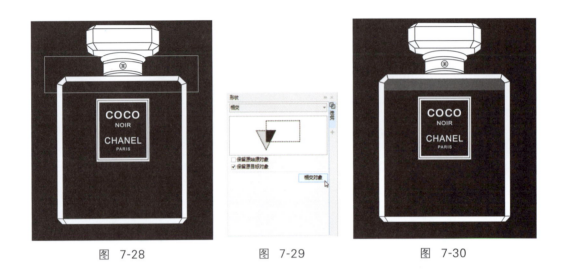

图 7-28          图 7-29          图 7-30

使用工具箱中的"透明度"工具 ▨ ，按住<Ctrl>键，垂直从上往下拖拉出透明渐变（图7-31），完成后的效果如图7-32所示。

图 7-31          图 7-32

使用工具箱"交互式填充"工具 ◈ 中的"渐变填充"工具 ▱ ，分别对黑色瓶身上下左右的棱边图形进行黑白灰渐变填色（图7-33）。

图 7-33

仔细观察完成后的瓶身与棱边（图7-34），虽然基本表现了产品玻璃质感，但细节还不够丰富，使用"矩形"工具 ☐ 在棱边线上绘制白色细长矩形（图7-35）。

图 7-34          图 7-35

使用工具箱"交互式填充"工具  中的"渐变填充"工具 ，将细长白色矩形填充为中心为白色、外围为黑色的椭圆形渐变效果（图7-36），这样则将棱边的玻璃反光效果很好地体现了出来（图7-37）。

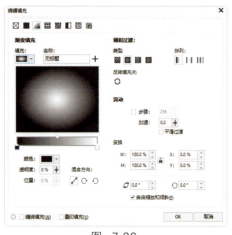

图 7-36

图 7-37

采用同样的方法，也可配合工具箱中的"透明度"工具 ，逐步添加各棱边的细节效果（图7-38）。

图 7-38

基本重复瓶身的表现方法，使用工具箱"交互式填充"工具 ，对组成瓶盖的各图形通过不同的黑白灰渐变填色完成质感的初步表现（图7-39）。

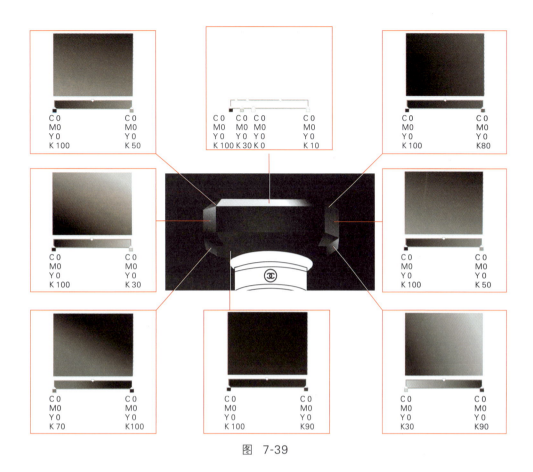

图 7-39

仔细观察产品的棱边（图7-40），灵活运用"矩形"工具 ▢ 、"交互式填充"工具 ◈ 和"透明度"工具 ▦ 表达棱边的高光效果（图7-41）。

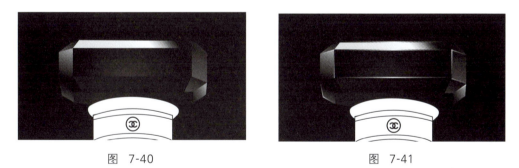

图 7-40                  图 7-41

使用工具箱"交互式填充"工具 ◈ 中的"渐变填充"工具 ▨ ，对瓶颈部的环状图形填色（图7-42）。

配合使用工具箱中的"手绘"工具 ⌇ 和"形状"工具 ◟ ，绘制表现高光点的图形并填充白色（图7-43）。

使用工具箱中的"透明度"工具 ▦ ，在部分白色图形上拖拉产生渐变透明的高光细节效果（图7-44）。

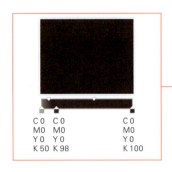

C 0  C 0              C 0
M 0  M 0              M 0
Y 0  Y 0              Y 0
K 50  K 98            K 100

图　7-42

图　7-43

图　7-44

　　使用工具箱"交互式填充"工具 中的"渐变填充"工具 ，对瓶颈部分的图形进行线性渐变填色（图7-45）。

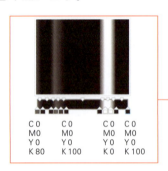

C 0   C 0        C 0   C 0
M 0   M 0        M 0   M 0
Y 0   Y 0        Y 0   Y 0
K 80  K 100      K 0   K 100

图　7-45

　　使用工具箱"交互式填充"工具 中的"渐变填充"工具 ，在对话框中通过设置不同渐变点的位置和色彩，完成对瓶颈金色装饰线条（图7-46）和标牌金色边框图形（图7-47）的线性渐变填色，填色中各色彩点的参数可参考图7-48。

C 15   C 1    C 30   C 30
M 30   M 2    M 50   M 45
Y 60   Y 5    Y 85   Y 80
K 0    K 0    K 0    K 0

图　7-46

| | | | |
|---|---|---|---|
| C 15 | C50 | C3 | C45 |
| M20 | M65 | M10 | M68 |
| Y 50 | Y 90 | Y 20 | Y 98 |
| K 0 | K 20 | K 0 | K 5 |

| | | | |
|---|---|---|---|
| C 15 | C43 | C50 | C45 |
| M20 | M60 | M70 | M68 |
| Y 50 | Y82 | Y 95 | Y 98 |
| K 0 | K 5 | K 5 | K 5 |

图 7-47

图 7-48

继续添加瓶身上的细节，实现香水瓶质感表达。

将所有图形组合并复制，垂直翻转，移动到产品底部，使用工具箱中的"透明度"工具 ，按住<Ctrl>键，在复制图形上垂直拖拉，制作出香水瓶的倒影效果，完成后的产品效果如图7-49所示。

图 7-49

## 7.2 在Photoshop中香水瓶的效果表达

### 7.2.1 香水瓶盖的效果表达

打开Photoshop软件，将前景色和背景色分别设置为白色和黑色，新建一尺寸为25cmx32cm、分辨率为72、黑色背景的新文档，参数如图7-50所示。

图 7-50

单击工具箱中的"钢笔"工具（图7-51），在属性栏中选择"路径"（图7-52），在界面上方绘制一个封闭三角形路径，绘制底边水平线时可以配合<Shift>键，完成后如图7-53所示。

图 7-51

图 7-52

图 7-53

在工具箱中的"钢笔"工具中选择"添加锚点工具"（图7-54），在三角形路径的上方两条直线段上通过添加并调整节点，实现图7-55所示的弧线段。

图 7-54

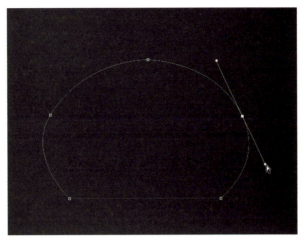

图 7-55

打开"路径"窗口，单击窗口下方的"将路径作为选区载入"（图7-56），将路径转换为选区，这一步骤也可通过<Ctrl+Enter>键实现。

在"图层"窗口中，创建"瓶盖"新组，并在其中新建图层1（图7-57）。

选择"编辑"菜单下的"描边"，在弹出的对话框中设置参数（图7-58）并确认。

完成采用前景白色的向内描边（图7-59）。

图 7-56

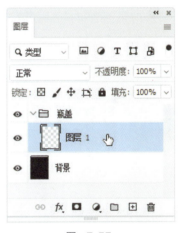

图 7-57

图 7-58

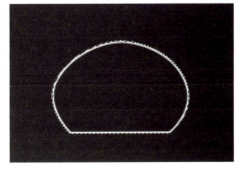

图 7-59

打开"通道"窗口，单击窗口下方的"将选区存储为通道"按钮  后释放选区。

单击新建的"Alpha1"通道（图7-60），使用工具箱中的"椭圆选框"工具，在通道中绘制选区，使用"选择"菜单下的"变换选区"调整选区，如图7-61所示。

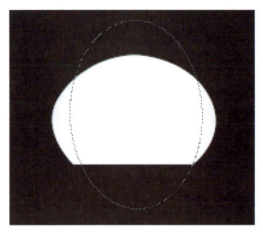

图 7-60

图 7-61

按下<Del>键，删除椭圆选区内的白色并释放选区（图7-62）。

切换前景色与背景色，将前景色变为黑色，单击工具箱中的"画笔"工具，调整画笔的大小，在白色图形内部涂抹，结果如图7-63所示。

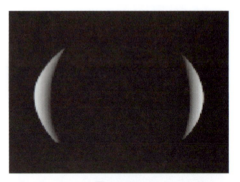

图 7-62

图 7-63

单击通道窗口下方的"将通道作为选区载入"按钮 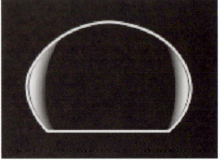，将当前通道转换为选区。进入"图层"窗口，新建图层，按下<Ctrl+Del>键，对选区实现背景色为白色的填充。

按下<Ctrl+T>键，将图形适当缩小，使其与图层1的白色边框留一些缝隙（图7-64）。

图 7-64

使用"滤镜"菜单"模糊"下的"高斯模糊",调整模糊半径像素值的大小,实现图像的模糊(图7-65)。

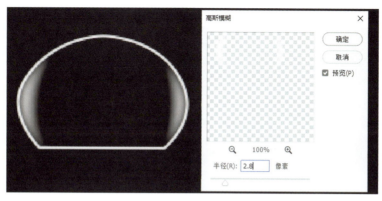

图 7-65

设置前景色为深灰色,新建图层,使用工具箱中的"画笔"工具,设置合适的画笔大小,在瓶盖内侧右部涂抹。

再次切换前景色与背景色,将前景色变为白色,缩小画笔大小,在瓶盖内侧上部单击,表现出高光效果(图7-66)。在这一过程中,如对绘制不满意,可以打开"窗口"菜单的"历史记录",返回后再次绘制。

在表现瓶盖白色轮廓的图层1中,使用工具箱中的"橡皮擦"工具,调整画笔大小,根据内部高光的位置擦除部分图像和全部底边的白色图像(图7-67)。

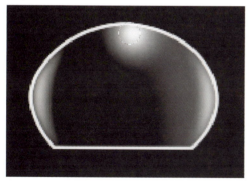

图 7-66

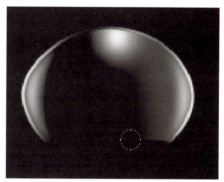

图 7-67

新建图层,使用工具箱中的"椭圆选框"工具,"编辑"菜单下的"描边"获得白色圆环,配合工具箱中的"橡皮擦"工具,擦除椭圆下方的图像,完成瓶盖下方高光细节的表现(图7-68)。

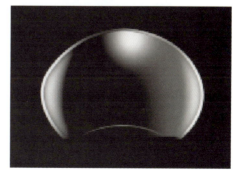

图 7-68

### 7.2.2  香水瓶颈的效果表达

单击工具箱中的"钢笔"工具,在瓶盖
下方绘制封闭路径,配合使用"钢笔"工具
中的"添加锚点工具",调整节点的数量和
控制柄的长短获得理想的路径(图7-69)。

随后在路径窗口单击空白区域,释放当
前工作路径的选择。

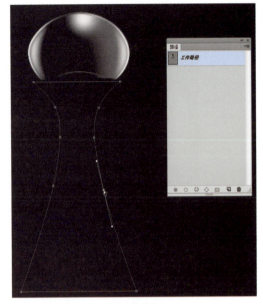

图  7-69

将前景色和背景色分别填充浅黄色C15M30Y60K0和深棕色C65M80Y95K60。

进入"图层"窗口,新建"瓶颈"组,其下分别新建图层"浅色条"和"深色条"。

使用工具箱中的"矩形选框"工具,获得水平细长选区,分别在两个图层按下
<Alt+Del>键和<Ctrl+Del>键,实现前景和背景色的填充(图7-70)。

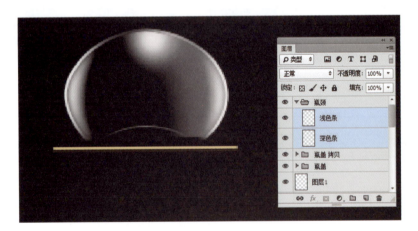

图  7-70

将两个图层合并,并改图层名为"色条",按下<Ctrl+T>键,出现对图形的控制框
(图7-71)。

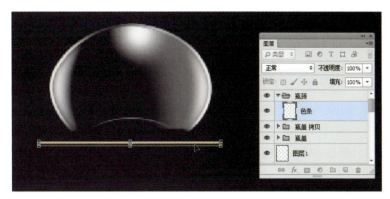

图 7-71

　　配合<Shift>键，将色条垂直向下移动，按下<Enter>键确认此操作，然后多次按下<Shift+Ctrl+Alt+T>键，实现色条的垂直移动并复制（图7-72）。

　　配合<Shift>键，选择所有的色条图层，单击图层菜单右侧的下拉按钮 ▼三 ，单击"合并图层"后将所有色条图层合并。

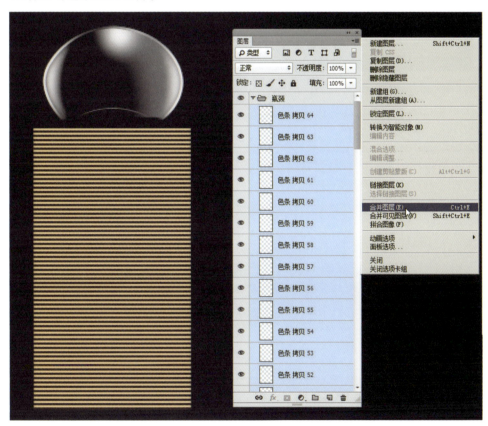

图 7-72

　　打开"路径"窗口，选择绘制好的瓶颈路径，单击窗口下方的"将路径作为选区载入"按钮 ⊙ ，获得瓶颈选区范围（图7-73）。

单击"选择"菜单下的"反向"，按下<Del>键删除选区中的多余图像，完成后如图7-74所示。

图 7-73　　　　　　　　　　　　　图 7-74

新建图层，使用工具箱中的"矩形选框"工具，获得水平长条矩形选区。

选择工具箱中的"渐变"工具▣，单击属性栏中的"渐变编辑器"，在弹出的对话框中设置渐变色，如图7-75所示。

在新图层上，配合<Shift>键，从选区左侧水平拖拉到右侧，完成填色（图7-76）。

按下<Ctrl+T>键，出现对渐变色条的编辑控制框，配合<Ctrl+Shift>键，将图形左下角向左侧水平拖拉（图7-77）。

同样编辑图形右下角，完成后释放选区（图7-78）。

图 7-75

图 7-76　　　　　　　　图 7-77　　　　　　　　图 7-78

采用同上的方法，完成瓶颈上端金属色条的绘制（图7-79）。

配合"钢笔"工具以及其下的"添加锚点工具"，参考外边沿在瓶颈右侧绘制曲线路径，按下<Ctrl+Enter>键获得需要的选区范围，单击"选择"菜单中"修改"下的"羽化"，设置羽化数值并确认（图7-80）。

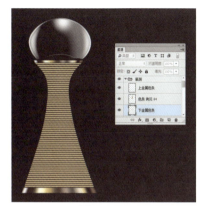
图 7-79

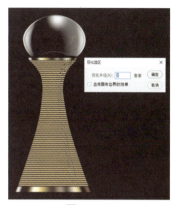
图 7-80

单击"图像"菜单中"调整"下的"亮度/对比度"，考虑当前区域为高光，将亮度向右拉大到合适数值（图7-81）。

再次选择路径，将路径右移到高光右侧并适当调整路径形态，转换为选区后羽化，将亮度数值向左调整，表现出暗淡的效果（图7-82）。

通过路径的编辑（图7-83）、选区的羽化且亮度调整（图7-84），以及新增图层、填充黑色（图7-85）来表现左侧稍大面积的暗部效果（图7-86）。

图 7-81

图 7-82

图 7-83

图 7-84

图 7-85

图 7-86

再次重复"路径"编辑，"转换为选区"，选区"羽化"及"亮度/对比度"的调整，完成瓶颈中间高光效果的表达（图7-87）。

可以发现，虽然过程与步骤基本相同，但由于路径的形态、羽化的大小、亮度高低的不同，可以得到丰富且自然的明暗效果。在路径绘制时需要兼顾上下金属装饰条的明暗色彩，这样瓶颈部分完成后的光泽效果才能实现统一和协调。

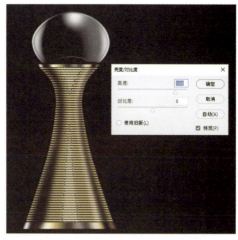

图 7-87

### 7.2.3　香水瓶身的效果表达

配合工具箱中的"钢笔"工具以及其下的"添加锚点工具"，绘制饱满平滑的瓶身轮廓（图7-88）。

按下<Ctrl+Enter>键获得需要的选区范围（图7-89）。

新建"瓶身"组，新建图层，将前景色设置为白色，单击"编辑"菜单下的"描边"，设置描边参数并确认（图7-90），完成后如图7-91所示。

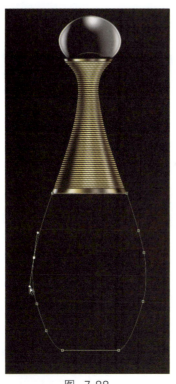

图 7-88

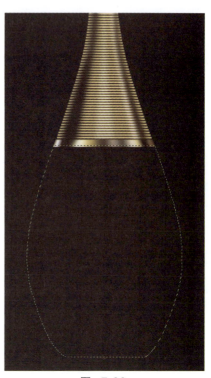

图 7-89

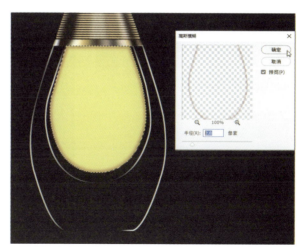

使用工具箱中的"橡皮擦"工具，通过属性栏设置画笔的硬度为0%，通过调整画笔大小和不透明度，将白色瓶身轮廓图像选择性擦除（图7-92）。

图 7-90

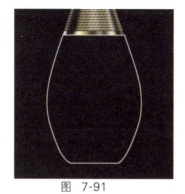

图 7-91

图 7-92

再次进入"路径"窗口，按下<Ctrl+T>键，缩小瓶身的轮廓路径，并配合使用工具箱中的"钢笔"工具下的"添加锚点工具"，将路径修改为理想的瓶身内壁轮廓（图7-93）。

按下<Ctrl+Enter>键获得内壁选区范围（图7-94）。

设置前景色为C45M80Y100K10的棕黄色，背景色为C15M10Y80K0的浅黄色。

新建图层，按下<Ctrl+Del>键，实现背景色浅黄色的填充。

再次新建图层，单击"编辑"菜单下的"描边"，实现宽度为3、内部位置的描边。使用"滤镜"菜单"模糊"下的"高斯模糊"，调整模糊半径像素值的大小，实现描边图像的模糊（图7-95）。

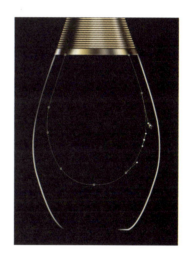

图 7-93

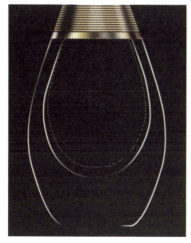

图 7-94

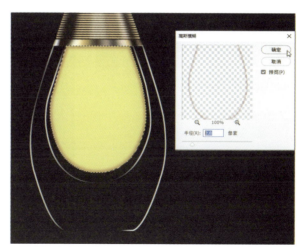

图 7-95

　　观察"描边"并"模糊"后的棕黄色发光效果，其围绕浅黄色呈现的是均匀的一圈，释放选区，使用工具箱中的"橡皮擦"工具，设置画笔的硬度为0%，擦除上方的棕黄色发光图像，获得自然的内壁效果（图7-96）。

　　再次通过"路径"窗口选择内壁路径，按下<Ctrl+Enter>键转换为选区，使用"选择"菜单下的"变换选区"缩小选区范围（图7-97）。

图 7-96

图 7-97

　　单击"选择"菜单中"修改"下的"羽化"，设置羽化数值并确认（图7-98）。

　　选择工具箱中的"画笔"工具，单击属性栏中"画笔设置"下拉按钮，设置较大参数的画笔（图7-99）。

　　设置前景色为C20M55Y98K0，在选区范围内左右两侧分别涂抹，结果如图7-100所示。

图 7-98

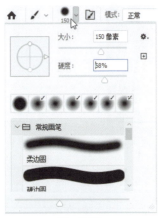
图 7-99

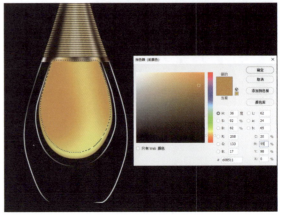
图 7-100

设置前景色为C65M95Y98K60（图7-101）。

修改画笔大小为100像素（图7-102）。

按下<Ctrl+H>键，将选区暂时隐藏，选区虽然看不见但依然存在，这样有助于更好地观察填充的效果。再次使用画笔，在需要加深的两侧涂抹，涂抹的过程并非一次到位，可以通过"窗口"菜单的"历史记录"，返回操作，不断尝试，直至达到理想的效果（图7-103）。

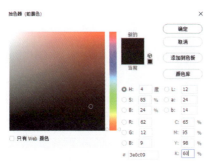

图 7-101

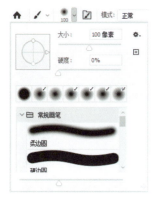

图 7-102

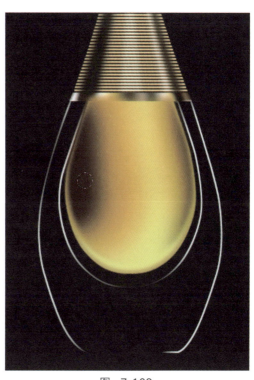

图 7-103

使用工具箱中的"钢笔"工具以及其下的"添加锚点工具"，绘制瓶身的高光图形轮廓路径。

按下<Ctrl+Enter>键将路径转换为选区范围。

设置前景色为白色。

新建图层，按下<Alt+Del>键完成填色后释放选区（图7-104）。

图 7-104

使用工具箱中的"橡皮擦"工具，确认画笔的硬度为0%，删除部分白色高光图像，从而获得细腻的玻璃表面反光的效果（图7-105）。

采用同样的手法，添加内壁右侧的白色高光和玻璃的反射高光效果（图7-106）。

继续添加玻璃瓶身的细节，需要耐心地调整路径的弧度、前景色与背景色、选区的羽化大小，以及画笔的大小和不透明度等参数（图7-107）。

图 7-105

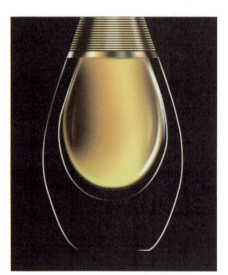

图 7-106

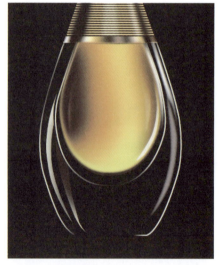

图 7-107

灵活使用工具箱中的"钢笔"工具和"橡皮擦"工具，将瓶底右侧的高光细腻地表现出来（图7-108）。

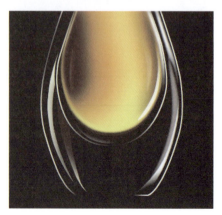

图 7-108

使用工具箱中的"钢笔"工具以及其下的"添加锚点工具",编辑玻璃瓶身中间区域的轮廓路径(图7-109)。

将路径作为选区载入后,新建图层,分别设置不同的前景色,采用不用的画笔大小在中间、左上角和右上角单击,表现出玻璃的光泽质感(图7-110)。

图 7-109

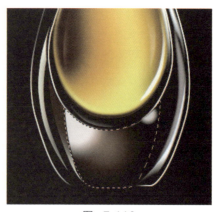
图 7-110

单击"选择"菜单中的"反向",新建图层,将前景色设置为白色,调整画笔的大小,涂抹后获得图7-111所示的效果。

按下<Ctrl+H>键,将选区暂时隐藏,使用工具箱中"橡皮擦"工具擦除多余的高光部分(图7-112)。

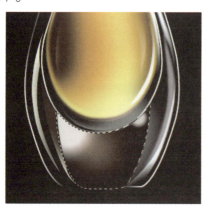
图 7-111

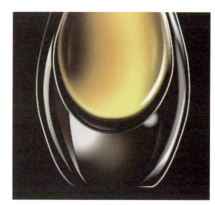
图 7-112

灵活使用工具箱中的"钢笔"工具、"画笔"工具和"橡皮擦"工具,在瓶身下部绘制橘色图形(图7-113)和白色底边,表现瓶底细节(图7-114)。

图 7-113

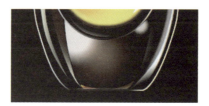
图 7-114

不断增加和修改细节后完成瓶身玻璃质感的效果表达（图7-115）。

### 7.2.4 产品倒影的效果表达

除黑色背景外，将所有图层合并，并复制图层，单击"编辑"菜单中"变换"下的"垂直翻转"（图7-116）。

配合<Shift>键，将复制的图层图像移动到下方（图7-117）。

在"图层"窗口，调整复制图层的透明度（图7-118）。

图 7-115

图 7-116

图 7-117

使用工具箱中的"橡皮擦"工具擦除倒影下方的图像，完成香水瓶的效果表达（图7-119）。

图 7-118

图 7-119

# 第 **8** 章

## 云台相机效果图的表达

本章以大疆DJI公司的一款产品为例来说明云台的效果表达。

## 8.1 在CorelDRAW中云台基本轮廓的绘制

### 8.1.1 云台相机镜头与旋转轴基本轮廓的绘制

在CorelDRAW软件中，使用工具箱中的"矩形"工具□，绘制一个矩形，边长约为18mm×20mm（图8-1）；使用工具箱中的"形状"工具，拖拉移动矩形的任一节点，调整矩形的圆角半径约为4mm后释放鼠标（图8-2）；双击矩形，逆时针旋转如图8-3所示；单击"对象"菜单中的"转换为曲线"后，使用工具箱中的"形状"工具，框选所有节点，单击属性栏中的"转换为曲线"（图8-4）；分别调整各个节点两端的控制柄长度与方向，完成云台相机镜头外形基本轮廓的绘制（图8-5）。

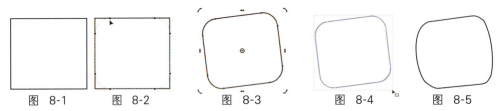

图 8-1　　图 8-2　　图 8-3　　图 8-4　　图 8-5

继续配合使用工具箱中的"矩形"工具□和"形状"工具，完成表现左侧旋转轴基本轮廓的图形1的绘制（图8-6）；继续绘制图形2（图8-7）；由于新绘制的图形在原物体上方，可以选择图形2，按下<Shift+PgDn>键，将图形2放置在图形1下面，选择两个图形均匀单色填充白色后如图8-8所示。这一步骤也可通过选择图形1，在勾选"保留原始源对象"的情况下修剪图形2来实现。

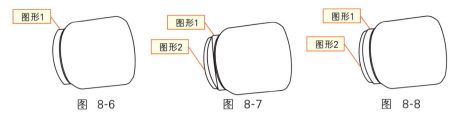

图 8-6　　图 8-7　　图 8-8

使用工具箱中的"手绘"工具，在镜头轮廓右侧绘制连续封闭多边形（图8-9）。

使用工具箱中的"形状"工具，完成曲线编辑（图8-10）；选择图形3，使用"对象"菜单中"造型"下的"形状"，在弹出的对话框中选择"相关"（图8-11），勾选"保留原目标对象"后，单击镜头外轮廓，完成后如图8-12所示。

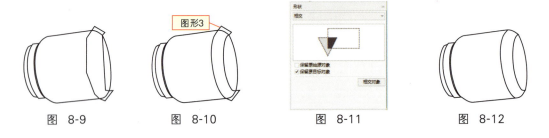

图 8-9　　图 8-10　　图 8-11　　图 8-12

配合使用工具箱中的"手绘"工具 和"形状"工具 ，灵活调整图形的前后关系、相互"造型"等操作，完成云台相机镜头与各旋转轴的轮廓绘制（图8-13~图8-15）。

图 8-13　　　　　图 8-14　　　　　图 8-15

采用同样的方法，完成镜头屏幕外轮廓绘制，均匀填充白色（图8-16）；向内缩放并复制两个图形，表现屏幕丰富的内部层次（图8-17）；继续使用工具箱中的"椭圆形"工具表现内部的细节（图8-18）。

图 8-16　　　　　图 8-17　　　　　图 8-18

### 8.1.2　云台主机基本轮廓的绘制

使用工具箱中的"手绘"工具 ，绘制云台主机部分（图8-19）。

使用工具箱中的"形状"工具 ，框选所有节点并"转换为曲线" 后，编辑各个节点，完成主体外形轮廓的曲线编辑，均匀填充单色白色，并按下<Shift+PgDn>键，将其放置在镜头转轴图形下方（图8-20）。

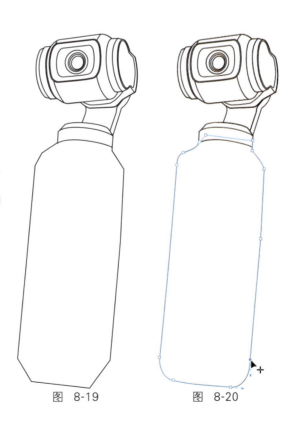

图 8-19　　　　　图 8-20

使用工具箱中的"矩形"工具 □，绘制矩形1，边长约为22mm×40mm（图8-21）；调整矩形的圆角半径约为2.5mm（图8-22）；双击矩形并水平倾斜（图8-23）。

使用工具箱中的"封套"工具 ⊠，为矩形添加控制封套，框选封套所有节点，在属性栏中单击"转换为线条"按钮 ◢，选择左下角节点，垂直向上位移动，表现出圆角矩形的透视效果（图8-24）。

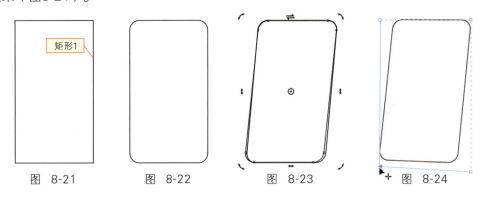

图 8-21    图 8-22    图 8-23    图 8-24

使用工具箱中的"矩形"工具 □ 绘制矩形2，边长约为30mm×18mm，调整矩形的圆角半径约为0.6mm（图8-25）；绘制圆角矩形3，使用工具箱中的"轮廓笔"工具 ✒ 下的"轮廓笔"（图8-26），在弹出的对话框中设置宽度为0.5mm，并勾选"随对象缩放"（图8-27），以确保在后期图像缩放的同时，图形轮廓宽度随缩放一起改变。

图 8-25

图 8-26

图 8-27

继续绘制圆角矩形4和矩形5（图8-28），完成旋转屏幕基本轮廓的绘制；框选矩形2~矩形5，单击属性栏中的"组合对象"按钮 ⬚；斜切组合对象（图8-29）；使用工具箱中的"封套"工具 ⊠，控制组合对象左下角节点，表现出旋转屏幕的透视效果（图8-30）。

图 8-28    图 8-29    图 8-30

将绘制完成的旋转屏基本轮廓放置在云台主机的合适位置，根据具体情况进行缩放等微调；配合使用工具箱中的"手绘"工具 和"形状"工具 ，绘制云台主机下方控制区图形（图8-31）。

使用工具箱中的"椭圆形"工具 ，绘制五维摇杆和拍摄按键等细节（图8-32）。

灵活使用各种绘图和编辑工具，绘制状态指示灯、扬声器和挂绳孔等细节轮廓，完成后的云台基本轮廓如图8-33所示。

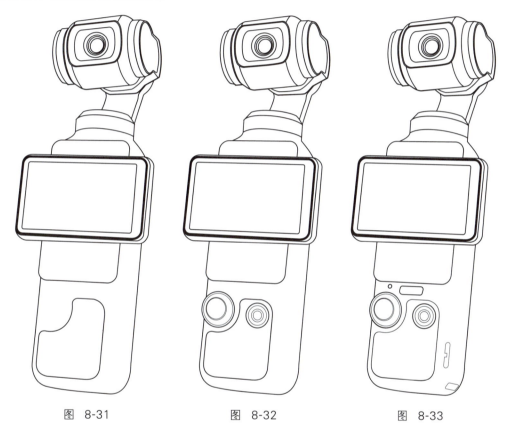

图 8-31　　　　　图 8-32　　　　　图 8-33

## 8.2　在CorelDRAW中云台色彩质感的表达

### 8.2.1　云台相机镜头与旋转轴色彩质感的表达

使用工具箱中的"交互式填充"工具 ，在属性栏中单击"均匀填充"（图8-34），分别对镜头以及旋转轴的部分图形进行单色填充（图8-35）。

图 8-34

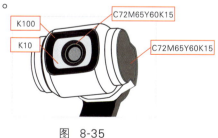

图 8-35

使用工具箱中的"交互式填充"工具 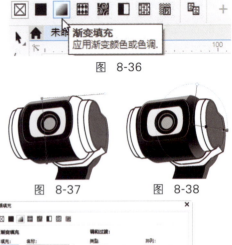，单击属性栏中的"渐变填充"（图8-36），分别选择相机镜头主体正面（图8-37）和侧面（图8-38）图形，拖拉出线性渐变填充，并在颜色条上分别通过增加节点、调整节点的位置与不同深浅的颜色（图8-39和图8-40），完成通过渐变填充实现镜头主体立体效果的表达。

图 8-36

图 8-37          图 8-38

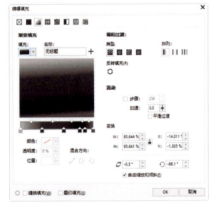

图 8-39

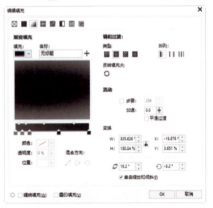

图 8-40

继续完成对相机主体两侧及下端旋转轴图形的渐变填充，编辑过程中通过浅色节点来表现受光区域，深色节点表现背光区域，调整参数可参考图8-41中的数值。

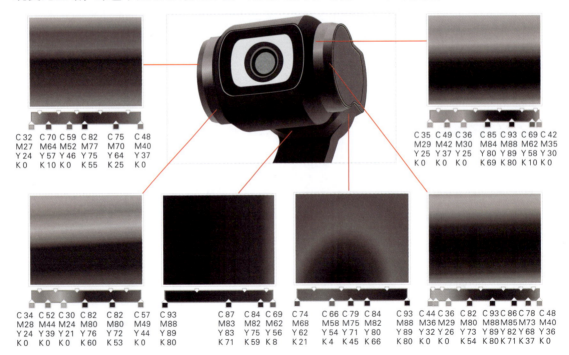

| C 32 | C 70 | C 59 | C 82 | C 75 | C 48 |
| M 27 | M 64 | M 52 | M 77 | M 70 | M 40 |
| Y 24 | Y 57 | Y 46 | Y 75 | Y 64 | Y 37 |
| K 0 | K 10 | K 0 | K 55 | K 25 | K 0 |

| C 35 | C 49 | C 36 | C 85 | C 93 | C 69 | C 42 |
| M 29 | M 42 | M 30 | M 84 | M 88 | M 62 | M 35 |
| Y 25 | Y 37 | Y 25 | Y 80 | Y 89 | Y 58 | Y 30 |
| K 0 | K 0 | K 0 | K 69 | K 80 | K 10 | K 0 |

| C 34 | C 52 | C 30 | C 82 | C 82 | C 57 | C 93 |
| M 28 | M 44 | M 24 | M 80 | M 80 | M 49 | M 88 |
| Y 24 | Y 39 | Y 21 | Y 76 | Y 72 | Y 44 | Y 89 |
| K 0 | K 0 | K 0 | K 60 | K 53 | K 0 | K 80 |

| C 87 | C 84 | C 69 | C 74 | C 66 | C 79 | C 84 |
| M 83 | M 82 | M 62 | M 68 | M 58 | M 75 | M 82 |
| Y 83 | Y 75 | Y 56 | Y 62 | Y 54 | Y 71 | Y 80 |
| K 71 | K 59 | K 8 | K 21 | K 4 | K 45 | K 66 |

| C 93 | C 44 | C 36 | C 82 | C 93 | C 86 | C 78 | C 48 |
| M 88 | M 36 | M 30 | M 80 | M 88 | M 88 | M 85 | M 40 |
| Y 89 | Y 32 | Y 26 | Y 73 | Y 89 | Y 82 | Y 68 | Y 36 |
| K 80 | K 0 | K 0 | K 54 | K 80 | K 71 | K 37 | K 0 |

图 8-41

接下来表现镜头的玻璃质感，镜头部分各椭圆形均匀单色填色如图8-42所示。

框选所有椭圆形，等比例缩小并复制（图8-43）；调整缩小并复制的椭圆形并放置在合适位置，选择最中心的白色图形均匀填充绿色（图8-44）。

框选缩小复制出的几个椭圆形，使用"位图"菜单中的"转换为位图"，在弹出的对话框中勾选"透明背景"后单击"OK"（图8-45）；使用"效果"菜单中"模糊"下的"高斯式模糊"，完成后如图8-46所示。

图 8-42　　　　图 8-43　　　　　　　　　　　　　　　　图 8-46

图 8-44　　　　　　　　　　　　　图 8-45

选择模糊后的位图（图8-47），移动并复制，使用工具箱中的"透明度"工具，在属性栏中选择"渐变透明度"后，单击属性栏右侧的"编辑透明度"按钮，在弹出的对话框中选择"锥形渐变透明度"，如图8-48所示，调整控制条两端的透明度为0%，中间位置双击添加透明度为100%的节点，完成后如图8-49所示。

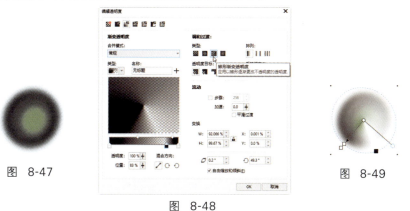

图 8-47　　　　　　　　　　　　　　　　　　　　图 8-49

图 8-48

继续缩放并复制出新的添加透明度后的位图图形；如图8-50所示，按从左到右的顺序，从下到上将四个图形叠加，并放置在镜头中心合适位置。

图 8-50

配合使用快捷键<F2>和<F3>实现放大和缩小显示，精确选择图8-51中镜头外围的圆角倾斜矩形，细微缩放并复制出新的图形；灵活配合<Shift+PgUp>键和<Shift+PgDn>键实现图形之间的上下关系；使用工具箱中的"交互式填充"工具 ◇ ，分别对各图形进行均匀单色填充和渐变填充（图8-52），镜头部分从下到上依次如图8-53所示从左到右图形。

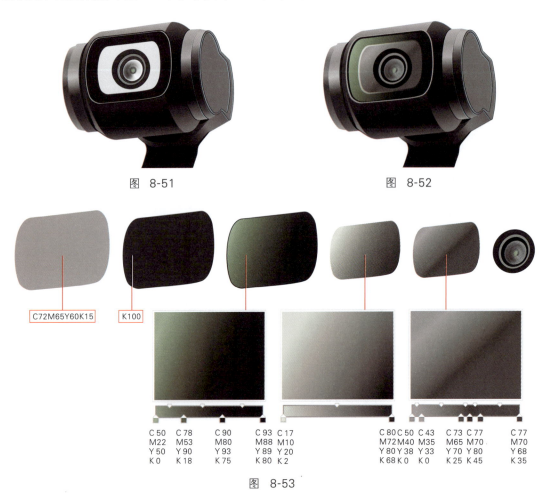

图 8-51                    图 8-52

图 8-53

再次复制出新的圆角倾斜矩形，并均匀单色填充浅绿色C40M20Y37K0（图8-54）；使用工具箱中的"透明度"工具 ▨ ，如图8-55所示，从左上角向右下角拖拉获得半透明的效果，完成相机镜头部分的玻璃质感表达。

图 8-54                    图 8-55

### 8.2.2 云台相机手持主机部分的质感表达

为更清晰地表达云台相机主机部分的质感，可以将旋转屏和下方的控制按键部分图形轮廓暂时移开（图8-56），对主机上方的平移轴1图形进行椭圆形渐变填充并去除轮廓线（图8-57），对平移轴2和云台主机图形进行线性渐变填充并去除轮廓线（图8-58）。

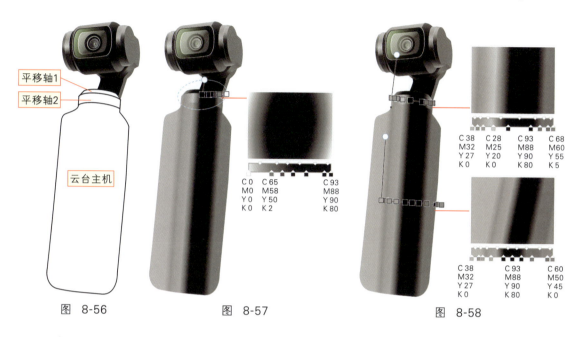

图 8-56　　　　图 8-57　　　　图 8-58

选择云台主机图形，先后按下<Ctrl+C>键和<Ctrl+V>键，在原位复制一个新的主体图形，均匀单色填充黑色（图8-59）；使用工具箱中的"透明度"工具▨，从右下方向左上方拖拉，表现主机下方转折背光的效果（图8-60）；恢复暂时移开的图形至原位后，结果如图8-61所示。

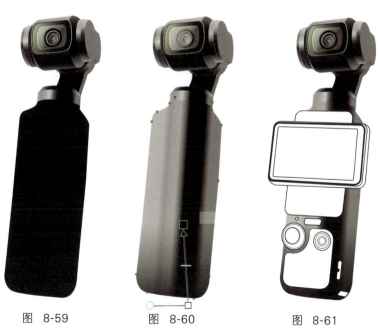

图 8-59　　　　图 8-60　　　　图 8-61

### 8.2.3 云台旋转屏及螺纹底面的质感表达

选择旋转屏幕后面表现螺纹底面的圆角矩形，使用工具箱中的"轮廓图"工具 ⬚，向内拖拉生成轮廓图（图8-62），属性栏设置如图8-63所示；选择"对象"菜单中的"拆分轮廓图"后，选择生成的三个内轮廓图形，单击属性栏中的"取消组合对象"按钮 ⬚，将所有的图形分离；从外到内的四个图形分别均匀填色（图8-64）。

C45M38Y33K0

K100

K40

图 8-62　　　　图 8-63　　　　图 8-64

绘制一个约为0.7mm×45mm的矩形，逆时针旋转约315°后放置在最内侧圆角矩形的左上角，移动并复制到右下角（图8-65）；使用工具箱中的"混合"工具 ⬚，在两个矩形间拖拉，属性栏中设置"调和对象"数量为22（图8-66）；选择"对象"菜单中的"拆分混合"后，使用这24个细条矩形修剪最内侧的圆角矩形，完成后如图8-67所示；为更好地表现螺纹的凹凸效果，水平向右移动并复制修剪后的图形（图8-68）。

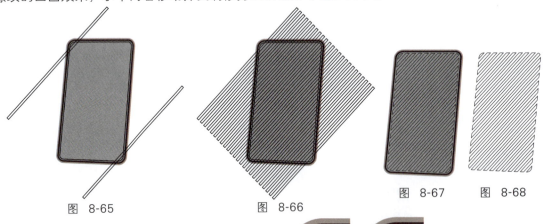

图 8-65　　　　　　图 8-66　　　　　图 8-67　　图 8-68

选择修剪后的图形，向右下角细微移动并复制（图8-69），使用复制后的图形修剪原图形，黑色填充修剪后的图形如图8-70所示。

选择图8-68中图形，向左上角细微移动并复制（图8-71），使用复制后的图形修剪原图形后，水平向左移动到合适位置后单色填充K40（图8-72），完成后如图8-73所示。

图 8-69　　图 8-70

图 8-71　　图 8-72　　图 8-73

　　使用工具箱中的"交互式填充"工具 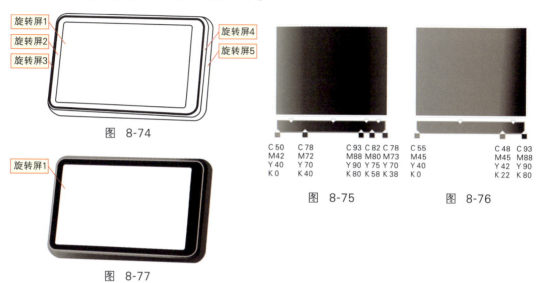，分别对表现云台相机旋转屏幕的各圆角矩形进行色彩填充（图8-74）；对旋转屏1~旋转屏3分别进行均匀单色填充白色、黑色和灰色C30M36Y27K0，对旋转屏4和旋转屏5进行线性渐变填充，设置参数如图8-75和8-76所示，完成对旋转屏幕质感的基本表现（图8-77）。

图 8-74

图 8-77

图 8-75

图 8-76

　　单击常用工具栏中的"导入"按钮 📥，输入一张风景图片（图8-78）。

　　选择风景图片，使用"对象"菜单中"PowerClip"下的"置于图文框内部"，将箭头指向图8-77中间的白色矩形"旋转屏1"；单击鼠标右键，选择"编辑PowerClip"，调整图片在合适的位置，单击左上角的"完成"（图8-79），实现云台相机旋转屏幕内照片显示的效果（图8-80）。

　　灵活使用绘图工具和文字工具，完成屏幕上显示图标的细节表达（图8-81）；完成后云台相机效果如图8-82所示。

图 8-78

图 8-79

图 8-80

图 8-81

图 8-82

### 8.2.4 云台相机按键、摇杆等区域的视觉表达

使用工具箱中的"交互式填充"工具 ，对挂绳孔和快拆卡槽进行均匀单色填充黑色（图8-83）；对状态显示灯进行线性渐变填充，设置参数如图8-84所示。

状态显示灯
扬声器
摇杆
拍摄按键

挂绳孔

快拆卡槽

图 8-83

C 33　C 50　C 66　C 70
M10　M15　M20　M20
Y 40　Y 55　Y 73　Y 78
K 0　　K 0　　K 0　　K 0

图 8-84

对组成摇杆部分的五个椭圆形（图8-85），从内到外分别进行不同类型的渐变填充；摇杆1~摇杆5图形对应的渐变参数设置如图8-86~图8-90所示，完成后如图8-91所示。

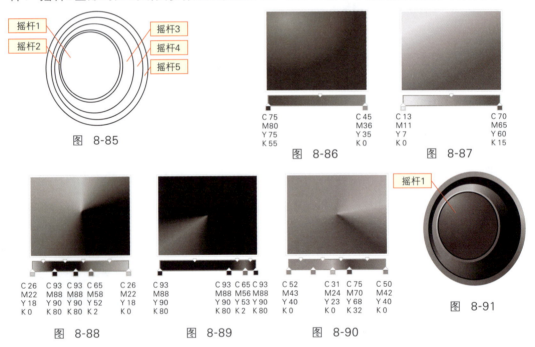

摇杆1
摇杆2
摇杆3
摇杆4
摇杆5

图 8-85

C 75　　　C 45
M80　　　M36
Y 75　　　Y 35
K 55　　　K 0

图 8-86

C 13　　　C 70
M11　　　M65
Y 7　　　Y 60
K 0　　　K 15

图 8-87

C 26　C 93　C 93　C 65
M22　M88　M88　M58
Y 18　Y 90　Y 90　Y 52
K 0　　K 80　K 80　K 2

图 8-88

C 26　　C 93
M22　　M88
Y 18　　Y 90
K 0　　K 80

C 93　C 65　C 93
M88　M56　M88
Y 90　Y 53　Y 90
K 80　K 2　K 80

图 8-89

C 52　　C 31　C 75　C 50
M43　　M24　M70　M42
Y 40　　Y 23　Y 68　Y 40
K 0　　K 32　K 0　　K 0

图 8-90

摇杆1

图 8-91

使用工具箱中的"星形"工具 ☆，绘制四角星形（图8-92）；使用工具箱中的"形状"工具 ✎，调整节点（图8-93）；进行圆锥形渐变填充（图8-94）；水平移动并复制星形，按下<Ctrl+R>键重复操作，框选一行星形，垂直移动复制并重复操作（图8-95）；框选所有星形，向右下方移动并复制（图8-96）。

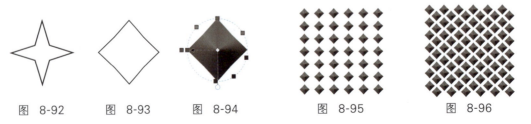

图 8-92　　　图 8-93　　　图 8-94　　　图 8-95　　　图 8-96

　　选择所有星形，使用"对象"菜单中"PowerClip"下的"置于图文框内部"，将箭头指向图8-91中间的椭圆形"摇杆1"，单击鼠标右键，选择"编辑PowerClip"，调整星形大小并放置在椭圆形的合适位置（图8-97），表现出摇杆表面凹凸的肌理质感。

　　绘制与"摇杆1"相同的椭圆形，并进行透明度为52%的椭圆形双色渐变填充（图8-98），渐变参数如图8-99所示，结果如图8-100所示。

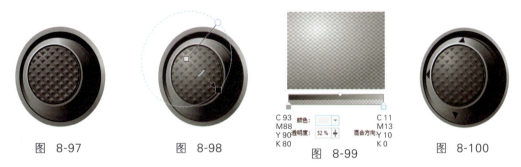

图 8-97　　　　　　图 8-98　　　　　图 8-99　　　　　　图 8-100

　　对拍摄按键轮廓图形（图8-101），分别进行图8-102所示椭圆形渐变填充和单色填充后，完成拍摄按键部分的质感表达（图8-103）。

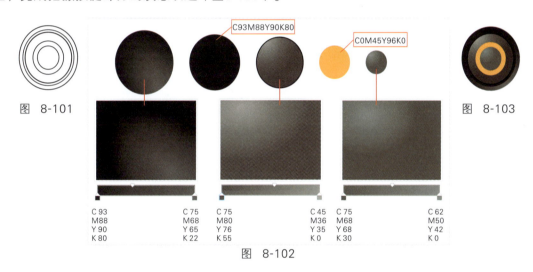

C93M88Y90K80　　　　　　　C0M45Y96K0

图 8-101　　　　　　　　　　　　　　　　　　　　　　　图 8-103

| C 93 | C 75 | C 75 | C 45 | C 75 | C 62 |
|------|------|------|------|------|------|
| M88 | M68 | M80 | M36 | M68 | M50 |
| Y 90 | Y 65 | Y 76 | Y 35 | Y 68 | Y 42 |
| K 80 | K 22 | K 55 | K 0 | K 30 | K 0 |

图 8-102

　　通过缩放并复制圆角矩形、绘制小正圆形并多次复制后完成扬声器细节的基本轮廓绘制（图8-104）；分别进行图8-105所示线性渐变填充和单色填充后，完成扬声器部分的质感表达（图8-106）。

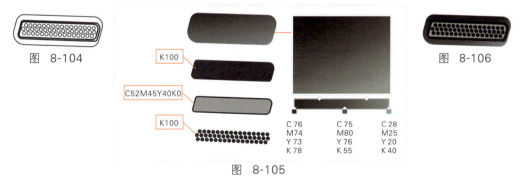

图 8-104　　　　　　　　　　　　　　　　　　　　　　　图 8-106

K100

C52M45Y40K0

K100

| C 76 | C 75 | C 28 |
|------|------|------|
| M74 | M80 | M25 |
| Y 73 | Y 76 | Y 42 |
| K 78 | K 55 | K 40 |

图 8-105

选择拍摄按键外侧区域的自由多边形（图8-107）；使用工具箱中的"轮廓图"工具 ，向外拖拉生成两个轮廓图形（图8-108）。

选择"对象"菜单下的"拆分轮廓图"，将原图形与生成的两个轮廓图形分离，释放选择后，再次选择生成的两个轮廓图形，单击属性栏中的"取消组合对象"按钮 ，实现所有轮廓图形的分离；选择中心原图形，使用工具箱中的"交互式填充"工具，在属性栏中选择"底纹填充" ，弹出图8-109所示对话框，如图8-110所示，设置色调与亮度等参数，完成该区域细微凹凸肌理的视觉表达。

图 8-107

为保证填充的颗粒肌理效果在图形缩放的同时一起缩放，可通过单击属性栏中"将对象变换应用于填充" 来实现（图8-111）。

图 8-108

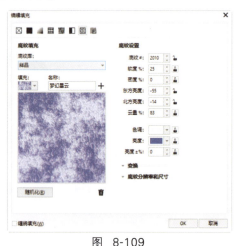

图 8-109

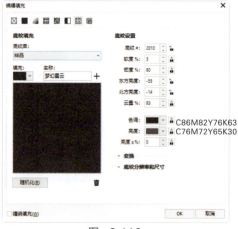

图 8-110

图 8-111

对外侧轮廓分别均匀单色填充浅灰色C68M62Y58K8和深灰色C82M80Y76K60（图8-112）；使用工具箱中的"透明度"工具 ，选择浅灰色图形，从右下方向左上方拖拉（图8-113）；选择深灰色图形，从左下方向右上方拖拉（图8-114），实现细节效果表达。

图 8-112

图 8-113

图 8-114

灵活使用工具箱中的"矩形"工具▢和"形状"工具，绘制品牌标志（图8-115）；选择标志图形向右下角细微移动并复制，鼠标右键单击调色板中的红色，将轮廓线改为红色（图8-116）；选择红色轮廓标志，使用"对象"菜单中"造型"下的"形状"，在弹出的对话框中勾选"保留原始源对象"后单击"修剪"（图8-117），将出现的箭头指向原标志图形后单击完成修剪（图8-118）；继续选择红色轮廓标志，向左上角移动并复制出标志图形，轮廓线设置为绿色（图8-119）；选择绿色轮廓标志，勾选"形状"对话框中的"保留原目标对象"（图8-120），修剪红色轮廓标志。

将第一次修剪获得的图形、红色轮廓标志图形以及第二次修剪获得的图形，均去除轮廓线，分别单色填充K100、K80和K60，放置在云台主机下方合适的位置（图8-121）。

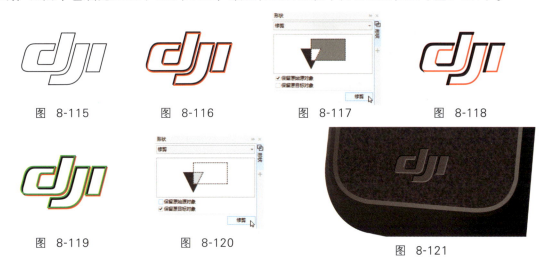

图 8-115　图 8-116　图 8-117　图 8-118

图 8-119　图 8-120　图 8-121

## 8.2.5 云台各部件立体效果的表达

图 8-122

完成云台各部件视觉表达后，会发现部分区域比较生硬地表现产品质感，没有体现出曲线面或部件之间前后层次关系会产生的黑色阴影等效果（图8-122）。

使用工具箱中的"矩形"工具▢，绘制圆角矩形并填充黑色（图8-123）；使用工具箱中的"阴影"工具▢，拖拉生成羽化数值为50的黑色阴影（图8-124）；选择"对象"菜单中的"拆分墨滴阴影"，将生成的黑色阴影与原图形分离，删除原圆角矩形（图8-125）。

图 8-123　图 8-124　图 8-125

选择阴影图形，移动并复制，选择其一，使用"对象"菜单中"PowerClip"下的"置于图文框内部"，将箭头指向云台主机图形后单击"确认"；单击鼠标右键，选择"编辑PowerClip"，调整阴影的位置（图8-126），编辑完成后如图8-127所示。

图 8-126

图 8-127

选择另一个阴影图形，移动到旋转屏的下方（图8-128）；框选旋转屏部分图形，按下<Shift+PgUp>键，将阴影显示在旋转屏的下方（图8-129）。

图 8-128

图 8-129

观察摇杆周围以及扬声器和状态显示灯部分区域（图8-130）；灵活运用工具箱中的各种绘图工具以及"阴影"工具 ▢，通过分别添加合适的黑色和浅灰色阴影，表现出摇杆凸起、扬声器和状态显示灯区域凹陷的立体效果（图8-131）；完成后的云台相机视觉效果表达如图8-132所示。

图 8-130

图 8-131

图 8-132

# 第 9 章

## 汽车效果图的表达

本章以小米公司的一款汽车为例来说明汽车的效果表达。

## 9.1 在CorelDRAW中车体基本轮廓的绘制

使用工具箱中的"手绘"工具 ![手绘] ，绘制图9-1所示的连续封闭多边形，勾勒出车体的外轮廓；使用工具箱中的"形状"工具 ![形状] ，全选图形的所有节点，单击属性栏中的"转换为曲线"按钮 ![转换为曲线] ，逐个调整每条曲线的弧度，完成车身基本外轮廓的绘制（图9-2）。

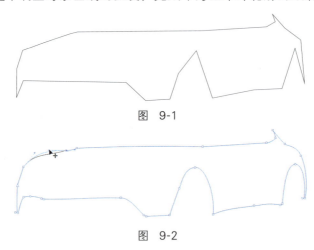

图 9-1

图 9-2

配合使用工具箱中的"手绘"工具 ![手绘] 和"形状"工具 ![形状] ，不断绘制新的图形，编辑和调整线段与节点属性，在车身上方绘制前风窗玻璃与侧面车窗的基本轮廓（图9-3）；绘制两侧车灯的外轮廓（图9-4）。

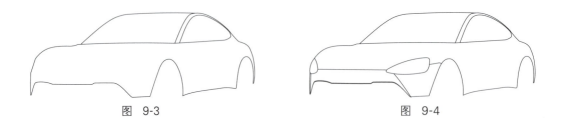

图 9-3                          图 9-4

绘制侧面车窗的A、B、C柱图形以及表现车前盖及车门的分割曲线（图9-5）。

绘制两侧后视镜和车身把手（图9-6）。

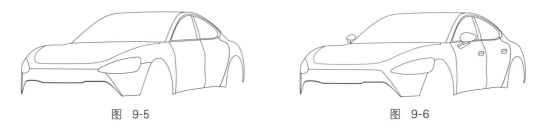

图 9-5                          图 9-6

绘制风窗玻璃上方激光雷达、车后方的尾翼等部分（图9-7）。

绘制车头前保险杠、进气隔栅等部分（图9-8）。

绘制车轮部分基本图形，所有轮廓形均填充白色，轮廓线颜色填充黑色，灵活配合<Shift+PgUp>键和<Shift+PgDn>键实现图形之间的上下关系，完成汽车基本轮廓的绘制（图9-9）。

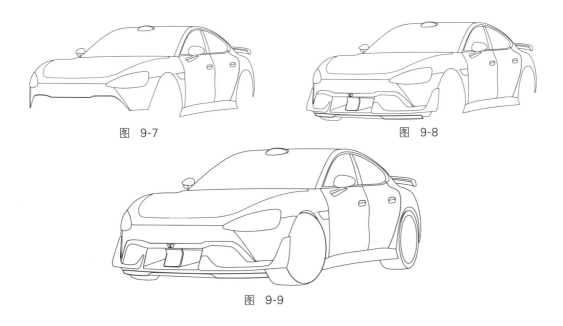

图 9-7　　　　　　　　　　　图 9-8

图 9-9

## 9.2　在CorelDRAW中车体各部件的材质表达

### 9.2.1　车体的渐变主体色及光影表达

选择车身主体图形，使用工具箱中的"交互式填充"工具 ◈，在属性栏中单击"渐变填充" ◼ 后，调整箭头控制线的起始点、终点位置与线段角度，在线段中间双击添加节点并调整各节点的颜色，完成车身基本色彩的填充；去除轮廓线（图9-10）；通过单击属性栏右侧的"编辑填充" ▦，在弹出的对话框中继续调整（图9-11）。

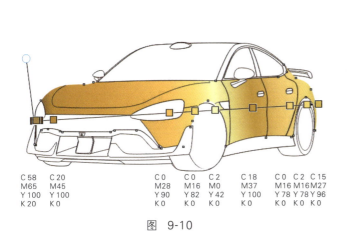

| C 58<br>M 65<br>Y 100<br>K 20 | C 20<br>M 45<br>Y 100<br>K 0 | | C 0<br>M 28<br>Y 90<br>K 0 | C 0<br>M 16<br>Y 82<br>K 0 | C 2<br>M 0<br>Y 42<br>K 0 | C 18<br>M 37<br>Y 100<br>K 0 | C 0<br>M 16<br>Y 78<br>K 0 | C 2<br>M 16<br>Y 78<br>K 0 | C 15<br>M 27<br>Y 96<br>K 0 |

图 9-10

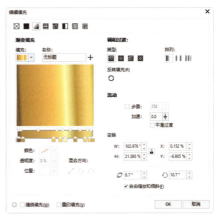

图 9-11

在一个较大的面上仅仅依靠一次渐变填色，很难将细节表现充分，下面通过在车体上添加新的图形和丰富的填色，来表现车身的光泽度和立体感。

首先，配合使用工具箱中的"手绘"工具 ![]和"形状"工具 ![]，在车门上方绘制红色轮廓图形1，下方绘制绿色轮廓图形2（图9-12）；去除图形1的红色轮廓并进行线性渐变填充，参数设置可参考图9-13，去除图形2的绿色轮廓并均匀单色填充C7M30Y100K0（图9-14）。

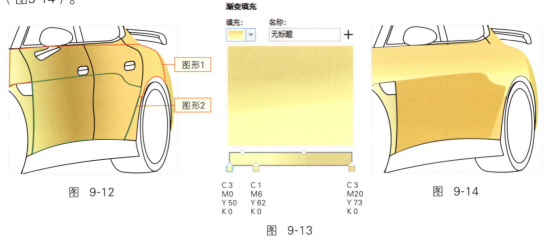

图 9-12

图 9-13

图 9-14

框选车灯、车把手及车门轮廓线条后，按下<Shift+PgUp>键，调整到图形1和图形2之上显示；选择图形1，使用工具箱中的"透明度"工具 ![]，在图形1上拖拉，进行椭圆形渐变透明的调整，如图9-15所示，设置中心透明度为0、外侧透明度为100。

采用类似的方法，在车后轮的上方以及车门的下方添加新的深色或浅色图形，通过渐变透明，表现更细腻的车身凹凸质感（图9-16）。

为表现车体的凹陷部分，可以通过灵活添加阴影来实现。在汽车图形外，绘制曲线边三角黑色图形；使用工具箱中的"阴影"工具 ![]，拖拉出阴影到车体合适的位置，在属性栏设置不透明度和羽化数值，颜色设置为C35M55Y100K0，表现出后车窗下方凹陷的效果（图9-17）。

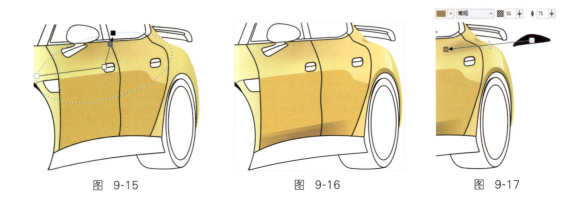

图 9-15

图 9-16

图 9-17

在车门位置绘制两个曲线图形"内侧图形"和"外侧图形"（图9-18）；分别进行线性渐变填充（从C35M55Y100K0到C7M30Y100K0）和均匀单色填充C7M30Y100K0（图9-19）；使用工具箱中的"混合"工具 🖊️ ，在两个曲线图形之间拖拉，生成混合效果，表现出车门处转折凹陷的效果（图9-20）。

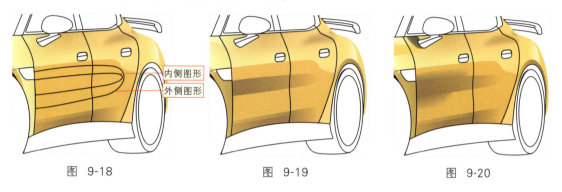

图 9-18　　　　　　　图 9-19　　　　　　　图 9-20

在车头以及车轮周围部分，根据具体部位的形态，采用绘制新图形、填充色彩、灵活使用"透明度"工具 ▦ 和"混合"工具 🖊️ ，完成细节的补充，体现车体的立体质感（图9-21）。

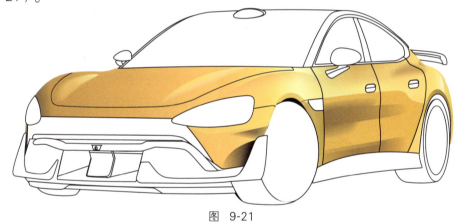

图 9-21

继续在车头、车前盖、后视镜等处，表现更丰富细腻的细节层次（图9-22）。

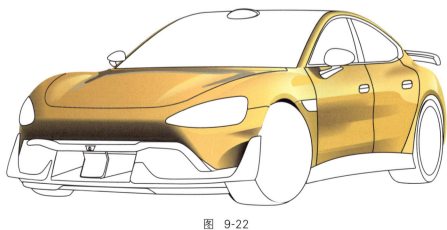

图 9-22

### 9.2.2 车窗等部分的效果表达

选择风窗玻璃图形，向右下角移动并复制，通过分别选择车体和右侧图形进行修剪，填充白色，轮廓线填充红色，获得图形如图9-23所示。

选择上方激光雷达图形轮廓，按下<Shift+PgUp>键，调整到风窗玻璃图形之上，风窗玻璃的原图形和新图形分别均匀单色填充黑色K100和深灰色C86M76Y50K15（图9-24）。

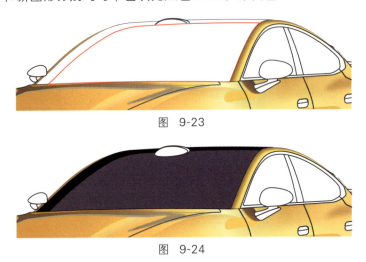

图 9-23

图 9-24

选择内侧深灰色图形，使用工具箱中的"透明度"工具▨ ，如图9-25所示拖拉表现玻璃的光泽质感。

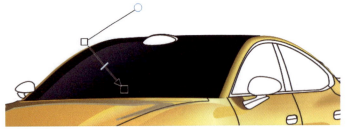

图 9-25

仔细观察车窗部分的几个图形（图9-26）。

选择外框图形，向左下方缩放并复制出两个新图形（图9-27）。

选择两个新图形，单击属性栏中的"合并"按钮▣ 后，填充黑色并去除轮廓线，表现出车窗内侧的层次感（图9-28）。

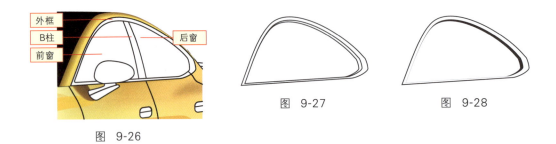

外框
B柱
前窗
后窗

图 9-26

图 9-27

图 9-28

分别对车窗区域的B柱均匀单色填充C90M82Y65K43，前窗和后窗均匀单色填充C90M80Y58K30；使用工具箱中的"交互式填充"工具 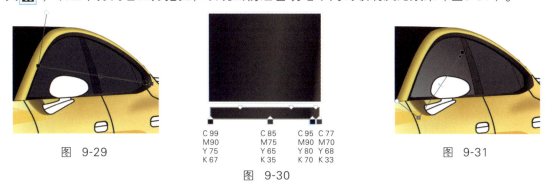 ，对外框图形进行线性渐变填充（图9-29），参数如图9-30所示。

为更好地表现前后窗的受光效果，选择前窗图形，分别按下<Ctrl+C>键和<Ctrl+V>键，在原位复制出新的图形，填充白色后，放置到后视镜图形之后；使用工具箱中的"透明度"工具 ，从左下方向右上方拖拉，表现出前后窗明暗不同的玻璃反光效果（图9-31）。

图 9-29

| C 99 | C 85 | C 95 | C 77 |
|------|------|------|------|
| M 90 | M 75 | M 90 | M 70 |
| Y 75 | Y 65 | Y 80 | Y 68 |
| K 67 | K 35 | K 70 | K 33 |

图 9-30

图 9-31

在前窗玻璃左下角，可以通过绘制新的图形，并填充较原有图形颜色更深的灰色来逼真地表现后视镜在玻璃上的倒影，车窗及风窗玻璃部分填色完成后效果如图9-32所示。

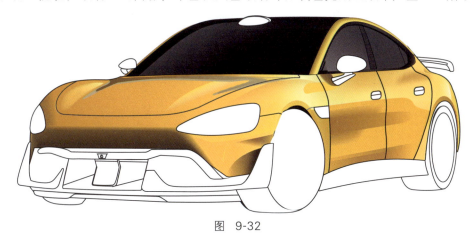

图 9-32

### 9.2.3 后视镜及车灯等部件的效果表达

配合使用工具箱中的"手绘"工具 和"形状"工具 ，为后视镜基本轮廓添加新的细节图形（图9-33）；分别进行均匀单色填充和线性渐变填充，如图9-34所示。

C 88M85Y78K67
C 93M88Y90K80
C 67M58Y53K4

| C0 | C100 | C 87 | C 77 | C 89 | C 85 | C 58 | C 80 |
|------|------|------|------|------|------|------|------|
| M0 | M90 | M 62 | M 62 | M 77 | M 70 | M 42 | M 70 |
| Y 0 | Y 75 | Y 62 | Y 55 | Y 62 | Y 60 | Y 30 | Y 55 |
| K 100 | K 67 | K 33 | K 8 | K 35 | K 25 | K 0 | K 15 |

图 9-33          图 9-34

使用工具箱中的"网状填充"工具 ⊞ ，对后视镜上方的图形填色表现出后侧受光的立体效果（图9-35）；在后视镜下方继续添加细节图形，填充黑色和白色（图9-36）；选择白色图形，使用工具箱中的"透明度"工具 ▦ ，拖拉表现出渐变效果，完成后的车体左侧后视镜如图9-37所示。

图 9-35　　　　　　　图 9-36　　　　　　　图 9-37

缩放并复制另一侧后视镜的上方图形，如图9-38所示，分别均匀单色填充黑色K100和深灰色C78M62Y50K6；使用工具箱中的"混合"工具 ⬚ ，将后视镜上方的两个图形实现混合过渡效果（图9-39）；继续添加新的图形，并单色填充C73M57Y50K63（图9-40）；使用工具箱中的"透明度"工具 ▦ ，如图9-41所示，表现不同类型的透明度效果。

图 9-38　　　　　图 9-39　　　　　图 9-40　　　　　图 9-41

在车把手轮廓内绘制新的基本图形（图9-42）；选择最外侧基本轮廓图形，使用工具箱中的"轮廓笔"工具 ✎ ，设置轮廓笔的颜色为C40M47Y100K0，并适当增加轮廓宽度的数值；几个图形分别单色填充，如图9-43所示；对两个颜色最深的图形，分别添加线性渐变透明度，完成把手的质感表达（图9-44）。

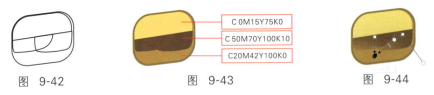

图 9-42　　　　　图 9-43　　　　　图 9-44

在车体左侧车灯内部添加图形，如图9-45所示。对各图形分别进行填色和轮廓线的编辑，图9-46左侧为部分图形的轮廓线数值，右侧为两个单色填充图形的颜色数值。

图 9-45　　　　　　　　　图 9-46

在圆角倾斜矩形上绘制矩形并倾斜后，均匀单色填充C75M65Y50K5（图9-47）；如图9-48所示，添加线性渐变透明；移动并复制此矩形到其他图形右侧（图9-49）。

选择上方深灰色图形，如图9-50所示，添加线性渐变透明；设置两端的透明度为0%，位置在45%和75%处的透明度为80%（图9-51）。

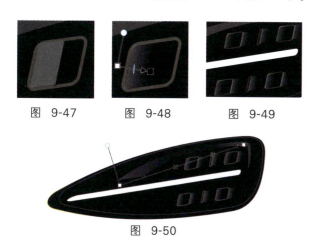

图 9-47　　图 9-48　　图 9-49

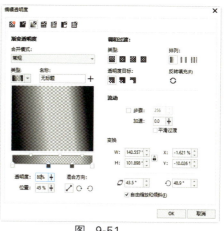

图 9-50

图 9-51

不断添加新的图形并填充浅灰色后，进行线性透明度的调整，表现车灯内侧的层次感（图9-52）；最后添加图9-53所示均匀单色填充为C75M65Y50K5的曲线形，拖拉出线性透明度，如图9-54所示。

图 9-52　　　　　图 9-53　　　　　图 9-54

采用类似的方法，灵活使用各种绘图工具绘制图形，填色后使用"透明度"工具或者"混合"工具进行图形的编辑，逐步实现对风窗玻璃上方的激光雷达、车后的尾翼以及车门下方等部分的视觉表达（图9-55）。

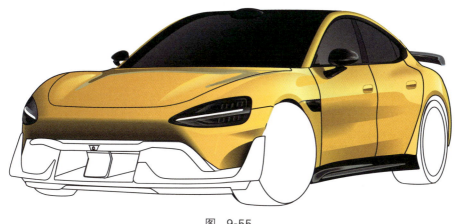

图 9-55

### 9.2.4 车头下方前保险杠区域的效果表达

灵活使用工具箱中的各种绘图和编辑工具，在车头下方前保险杠的区域进行图形轮廓的添加和调整（图9-56）。

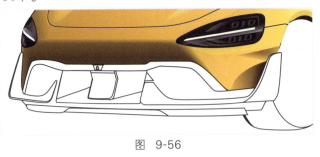

图 9-56

使用工具箱中的"交互式填充"工具，对前保险杠上下图形分别进行黑灰色线性渐变填充（图9-57），上下黑灰色长条图形填充的关键节点参数分别如图9-58和图9-59所示。

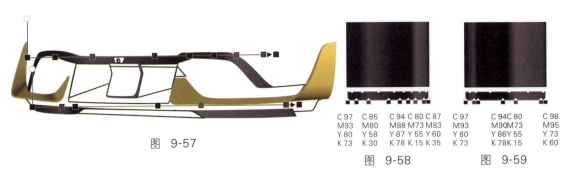

图 9-57

| C 97 | C 85 | C 94 C 80 C 87 | C 97 | C 94 C 80 | C 98 |
| M93 | M80 | M88 M73 M83 | M93 | M90 M73 | M95 |
| Y 80 | Y 58 | Y 87 Y 55 Y 60 | Y 80 | Y 86 Y 55 | Y 73 |
| K 73 | K 30 | K 78 K 15 K 35 | K 73 | K 78 K 15 | K 60 |

图 9-58　　　图 9-59

前保险杠左右两侧的部件与车身的黄色统一，左侧部件进行圆锥形渐变填充（图9-60），关键节点参数如图9-61所示；右侧部件进行线性渐变填充（图9-62），关键节点参数如图9-63所示。

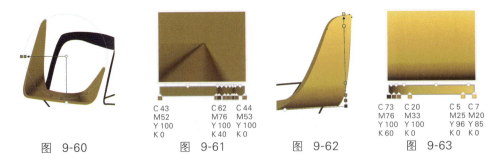

| C 43 | C 62 C 44 | C 73 C 20 | C 5 C 7 |
| M52 | M76 M53 | M76 M33 | M25 M20 |
| Y 100 | Y 100 Y 100 | Y 100 Y 100 | Y 96 Y 85 |
| K 0 | K 40 K 0 | K 60 K 0 | K 0 K 0 |

图 9-60　　　图 9-61　　　图 9-62　　　图 9-63

继续对进气格栅区域等部分单色填色（图9-64）。

C87M80Y73K55　　　C93M88Y90K80

C84M78Y60K33

图 9-64

配合<F2>键和<F3>键，实现放大或缩小图形，对局部进行细节调整；对前保险杠右侧的黄色图形添加两个新图形，并分别单色填充浅黄色和深棕色（图9-65）。

使用工具箱中的"透明度"工具 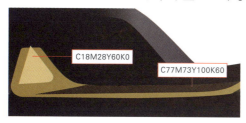，分别对两个图形进行线性渐变透明度的调整，表现此部件受光与背光的不同效果（图9-66）。

C18M28Y60K0
C77M73Y100K60

图 9-65

图 9-66

继续选择进气格栅部分的一个图形进行线性渐变透明度的添加（图9-67）；对所有其他图形做类似的操作，完成后如图9-68所示。

使用工具箱的"手绘"工具 ，在进气格栅区域添加三个多边形，如图9-69所示红色轮廓图形；去除轮廓线后，分别对两侧的图形单色填充C87M80Y73K55，中间的图形单色填充C93M88Y90K80（图9-70）；对三个图形分别进行图9-71所示不同方向的线性透明度调整，表现出该区域更丰富的层次效果（图9-72）。

图 9-67

图 9-69

图 9-68

图 9-70

图 9-71

图 9-72

### 9.2.5 车轮的效果表达

使用工具箱中的"椭圆形"工具 ◯，按住<Ctrl>键的同时绘制一个正圆形，继续按住<Shift>键，向中心等比例缩放并复制多个正圆形，设置不同的轮廓宽度，获得系列同心圆（图9-73）；选择红色轮廓的两个圆，单击属性栏中的"合并"按钮 ，得到圆环1。

从外到内，分别对圆形1和圆形3均匀单色填充C84M808Y90K76、圆形2均匀单色填充C87M80Y64K4、圆环1单色填充C45M38Y32K36；圆形4和圆形5填充图9-74所示相同的圆锥形渐变填充，对圆形4进行旋转并填充轮廓线颜色为C55M46Y43K0，表现不同方向的光泽效果；对中心圆填充椭圆形渐变填充（图9-75），完成车轮的基本绘制（图9-76）。

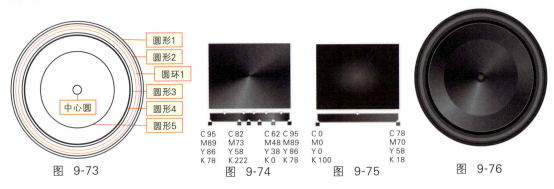

图 9-73　　　　图 9-74　　　　图 9-75　　　　图 9-76

选择圆环1，使用工具箱中的"交互式透明"工具 ，添加从左上角不透明到右下角完全透明的效果，表现出车轮上方车胎受光的质感效果（图9-77）。

使用工具箱中的"矩形"工具 □ 和"形状"工具 ，绘制两个圆角矩形，轮廓颜色分别为绿色和红色。选择两个圆角矩形和任一个圆形，单击属性栏中的"对齐与分布"按钮 ，在弹出的对话框中，单击"水平居中对齐"按钮 ，结果如图9-78所示。

图 9-77

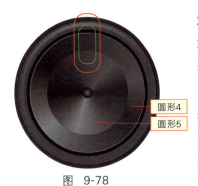

图 9-78

选择圆形5，使用"对象"菜单中"造型"下的"形状"，在弹出的对话框中选择"修剪"，勾选两个保留选项（图9-79），单击"修剪"后单击绿色轮廓图形，将获得的修剪图形填充黑色K100。

按住<Shift>键，同时选择红色和绿色轮廓图形；分别按下<Ctrl+C>键和<Ctrl+V>键，实现两个图形的原位复制；单击属性栏中的"合并"按钮 ；在"形状"窗口中选择"相交"，勾选"保留原目标对象"（图9-80），单击"相交对象"后单击圆形4，对相交物体进行深浅灰色圆锥形渐变填充（图9-81）。

图 9-79

图 9-80

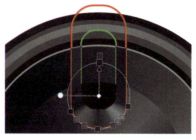

图 9-81

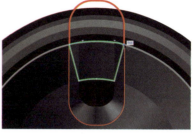

图 9-82

灵活使用"形状"窗口中的"相交"和"修剪"工具以及工具箱中的"形状"工具，继续获取图9-82所示的图形。

将红色图形轮廓颜色设置为C35M25Y20K0，并添加白色阴影；绿色轮廓图形去除轮廓线，单色填充C55M42Y33K0；选择车轮上端图形组和圆形5，使用"对象"菜单中的"PowerClip"下的"置于图文框内部"，放置到圆形4内（图9-83）；编辑PowerClip，双击上端图形组，将旋转中心放置在圆形5的中心（图9-84）。

单击"窗口"菜单中"泊坞窗"下的"变换"，在弹出的对话框中选择"旋转"，角度设置为72°、副本为4后，单击"应用"（图9-85）；对旋转生成的图形，继续进行色彩调整，单击左上角"完成"实现修改（图9-86）。

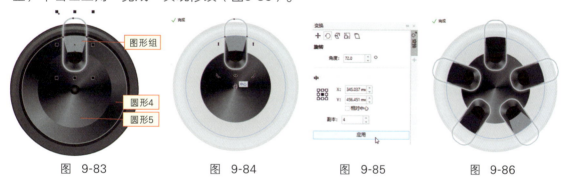

图 9-83  图 9-84  图 9-85  图 9-86

继续添加图形，丰富车轮轮毂的立体质感表达（图9-87），完成后水平缩放并放置在车体的对应位置，如图9-88和图9-89所示。

图 9-87

图 9-88

图 9-89

### 9.2.6 车体拉花的效果表达

灵活使用工具箱中的"手绘"工具 和"形状"工具 ，绘制曲线弧度与车体吻合的曲线图形（图9-90）。

图 9-90

使用工具箱中的"交互式填充"工具 ，进行线性渐变填充（图9-91）；各节点颜色设置如图9-92所示。

图 9-91

图 9-92

| C 76 | C 55 | C 60 | C 16 | C 73 | C 0 |
|------|------|------|------|------|-----|
| M 67 | M 42 | M 47 | M 13 | M 60 | M 0 |
| Y 60 | Y 36 | Y 36 | Y 13 | Y 45 | Y 0 |
| K 18 | K 0 | K 0 | K 0 | K 0 | K 0 |

采用同样的方法绘制车门处拉花，不断进行局部细节调整，如添加车标及车牌等细节，完成汽车的效果表达（图9-93）。

图 9-93

# 参考文献

[1] 唯美世界，瞿颖健.中文版CorelDRAW2024从入门到精通[M].北京：中国水利水电出版社，2025.

[2] 敬伟.Photoshop 2024从入门到精通[M].北京：清华大学出版社，2025.

[3] 周艳，翁志刚.计算机二维设计——CorelDRAW教学应用实例[M].北京：清华大学出版社，2008.